畜禽健康高效养殖环境手册

丛书主编：张宏福　林　海

蛋鸡健康高效养殖

环境手册

林　海　赵景鹏◎主编

U0257659

中国农业出版社

北　京

内 容 简 介

　　解析环境影响蛋鸡生产的机制、建立节能环保的健康养殖环境参数体系是蛋鸡产业提质增效、转型升级的重大需求。本书分四章，分别介绍了蛋鸡饲养设施与环境、蛋鸡饲养环境参数、蛋鸡饲养环境控制和蛋鸡饲养环境管理案例，力求带动蛋鸡精准营养与饲养、蛋鸡舍环境控制及生物安全管理、设施设备开发等技术进步，从养殖源头保障鸡蛋质量与安全。本书在编写过程中，既收入了编著者的科研成果，也参考了其他专家学者的宝贵资料，还总结了一些知名企业的实践经验；既突出了理论性，又强调了可操作性。相信本书能够全方位、多层次地满足广大读者需要，为改变传统养殖模式、促进蛋鸡精细化、专业化饲养提供帮助。

丛书编委会

主任委员：杨振海（农业农村部畜牧兽医局）

李德发（中国农业大学）

印遇龙（中国科学院亚热带农业生态研究所）

姚 斌（中国农业科学院北京畜牧兽医研究所）

王宗礼（全国畜牧总站）

马 莹（中国农业科学院北京畜牧兽医研究所）

主 编：张宏福（中国农业科学院北京畜牧兽医研究所）

林 海（山东农业大学）

编 委：张宏福（中国农业科学院北京畜牧兽医研究所）

林 海（山东农业大学）

张敏红（中国农业科学院北京畜牧兽医研究所）

陈 亮（中国农业科学院北京畜牧兽医研究所）

赵 辛（加拿大麦吉尔大学）

张恩平（西北农林科技大学）

王军军（中国农业大学）

颜培实（南京农业大学）

施振旦（江苏省农业科学院畜牧兽医研究所）

谢　明（中国农业科学院北京畜牧兽医研究所）

杨承剑（广西壮族自治区水牛研究所）

黄运茂（仲恺农业工程学院）

臧建军（中国农业大学）

孙小琴（西北农林科技大学）

顾宪红（中国农业科学院北京畜牧兽医研究所）

江中良（西北农林科技大学）

赵茹茜（南京农业大学）

张永亮（华南农业大学）

吴　信（中国科学院亚热带农业生态研究所）

郭振东（军事科学院军事医学研究院军事兽医研究所）

本书编写人员

主　　编：林　海（山东农业大学）

　　　　　赵景鹏（山东农业大学）

副 主 编：焦洪超（山东农业大学）

　　　　　王晓鹃（山东农业大学）

参　　编：袁正东（北京德青源农业科技股份有限公司）

　　　　　任景乐（青岛畜牧兽医研究所）

　　　　　齐莎日娜（四川圣迪乐村生态食品有限公司）

　　　　　邵长军（济南安普瑞禽业科技有限公司）

　　　　　刘旭明（北京德青源农业科技股份有限公司）

　　　　　刘方波（山东和美华集团有限公司）

　　　　　马百顺（山东和美华集团有限公司）

序
一

　　畜牧业是关系国计民生的农业支柱产业，2020 年我国畜牧业产值达 4.02 万亿元，畜牧业产业链从业人员达 2 亿人。但我国现代畜牧业发展历程短，人畜争粮矛盾突出，基础投入不足，面临"养殖效益低下、疫病问题突出、环境污染严重、设施设备落后" 4 大亟需解决的产业重大问题。畜牧业现代化是农业现代化的重要标志，也是满足人民美好生活不断增长的对动物性食品质和量需求的必由之路，更是实现乡村振兴的重大使命。

　　为此，"十三五"国家重点研发计划组织实施了"畜禽重大疫病防控与高效安全养殖综合技术研发"重点专项（以下简称"专项"），以畜禽养殖业"安全、环保、高效"为目标，面向"全封闭、自动化、智能化、信息化"发展方向，聚焦畜禽重大疫病防控、养殖废弃物无害化处理与资源化利用、养殖设施设备研发 3 大领域，贯通基础研究、共性关键技术研究、集成示范科技创新全链条、一体化设计布局项目，研究突破一批重大基础理论，攻克一批关键核心技术，示范、推广一批养殖提质增效新技术、新方法、新模式，推进我国畜禽养殖产业转型升级与高质量发展。

1

养殖环境是畜禽健康高效生长、生产最直接的要素，也是"全封闭、自动化、智能化、信息化"集约生产的基础条件，但却是长期以来我国畜牧业科学研究与技术发展中未予充分重视的短板。为此，"专项"于2016年首批启动的5个基础前沿类项目中安排了"养殖环境对畜禽健康的影响机制研究"项目。旨在研究揭示畜禽舍温热、有害气体、光照、群体密度、空气颗粒物气溶胶5类主要环境因子及其对畜禽生长、发育、繁殖、泌乳、健康影响的生物学机制，提出10种主要畜禽高密度养殖环境参数及其多元化控制模型，为我国不同气候生态区安全、高效养殖畜禽舍建设、环境控制提供依据，支撑"全封闭、自动化、智能化、信息化"养殖方式发展重大需求。

以张宏福研究员为首席科学家，由36个单位、94名骨干专家组成的项目团队，历时5年"三严三实"攻坚克难，取得了一批基础理论研究成果，发表了多篇有重要影响力的高水平论文，出版的《畜禽环境生物学》专著填补了国内外在该领域的空白，出版的"畜禽健康高效养殖环境手册"丛书是本专项基础前沿理论研究面向解决产业重大问题、支撑产业技术创新的重要成果。该丛书包括：猪、奶牛、肉牛、水牛、肉羊（绵羊、山羊）、蛋鸡、肉鸡、肉鸭、蛋鸭、鹅共11种畜禽的10个分册。各分册针对具体畜种阐述了现代化养殖模式下主要环境因子及其特点，提出了各环境因子的控制要求和标准；同时，图文并茂、视频配套地提供了先进的典型生产案例，以增强图书的可读性和实用性，可直接用于指导"全封闭、自动化、智能化、信息化"养殖场舍建设和环境控制，是畜牧业转型升级、高质量发展所急需的工具书，填补了国内外在畜禽健康养殖领域环境控制图书方面的空白。

"十三五"国家重点研发计划"养殖环境对畜禽健康的影响机制研究"项目聚焦"四个面向"，凝聚一批科研骨干，带动畜禽环境科学研究，是专项重要的亮点成果。但养殖场舍环境因子的形成和演变非常复杂，养殖舍环境因子对畜禽生产、健康乃至疫病防控的影响至关重要，多因子耦合优化调控还需要解决一系列技术经济工程难题，环境科学也需要"理论—实践—理论"的不断演进、螺旋式上升发展。因此，希望国家相关科技计划能进一步关注、支持该领域的持续研究，也希望项目团队能锲而不舍，抓住畜禽健康养殖和重大疫病防控"环境"这个"牛鼻子"继续攻坚，为我国畜牧业的高质量发展做出更大贡献。

陈焕春

2021 年 8 月

序
二

畜牧业是关系国计民生的重要产业，其产值比重反映了一个国家农业现代化的水平。改革开放以来，我国肉蛋奶产量快速增长，畜牧业从农村副业迅速成长为农业主导产业。2020年我国肉类总产量 7 639 万 t，居世界第一；牛奶总产量 3 440 万 t，居世界第三；禽蛋产量 3 468 万 t，是第二位美国的 5 倍多。但我国现代畜牧业发展时间短、科技储备和投入不足，与发达国家相比，面临养殖设施和工艺水平落后、生产效率低、疫病发生率高、兽药疫苗用量较多等影响提质增效的重大问题。

养殖环境是畜禽生命活动最直接的要素，是畜禽健康高效生产的前置条件，也是我国畜牧业高质量发展的短板。2020年9月国务院印发的《关于促进畜牧业高质量发展的意见》中要求，加快构建现代养殖体系，制定主要畜禽品种规模化养殖设施装备配套技术规范，推进养殖工艺与设施装备的集成配套。

养殖环境是指存在于畜禽周围的可以直接或间接影响畜禽的自然与社会因素的集合，包括温热、有害气体、光、噪

1

声、微生物等物理、化学、生物、群体社会诸多因子，以及复杂的动态变化和各因子间互作。同时，养殖业高质量发展对环境的要求也越来越高。因此，畜禽健康高效养殖环境诸因子的优化耦合控制不仅是重大的生产实践难题，也是深邃的科学研究难题，需要实践—理论—实践的螺旋式发展，不断积累丰富、不断提升完善。

"十三五"国家重点研发计划"畜禽重大疫病防控与高效安全养殖综合技术研发"专项将"养殖环境对畜禽健康的影响机制研究"列入基础前沿类项目（项目编号：2016YFD0500500），并于2016年首批启动。旨在研究揭示畜禽舍温热、有害气体、光照、群体密度、空气颗粒物气溶胶5类主要环境因子，以及影响畜禽生长、发育、繁殖、泌乳、健康的生物学机制，提出11种主要畜禽高密度养殖环境参数及其多元化控制模型，为我国不同气候生态区安全、高效养殖畜禽舍建设、环境控制提供依据，支撑"全封闭、自动化、智能化、信息化"现代养殖方式发展的重大需求。项目组联合全国36个单位、94名专家协同攻关，历时5年，取得了一批重要理论和专利成果，发表了一批高水平论文，出版了《畜禽环境生物学》专著，制定了一批标准，研发了一批新技术产品，对畜牧业科技回归"以养为本"的创新方向起到了重要的引领作用。

"畜禽健康高效养殖环境手册"丛书是在"养殖环境对畜禽健康的影响机制研究"项目各课题系统总结本项目基础理论研究成果，梳理国内外科学研究积累、生产实践经验的基础上形成的，是本项目研究的重要成果。丛书的出版，既体现了重点研发专项一体化设计、总体思路实施，也反映了基础前沿研究聚焦解决产业重大问题、支撑产业创新发展宗旨。丛书共 10 个分册，内容涉及猪、奶牛、肉牛、水牛、肉羊（绵羊、山羊）、蛋鸡、肉鸡、肉鸭、蛋鸭、鹅共 11 种畜禽。各分册针对某一畜禽论述了现代化养殖模式、主要环境因子及其特点，提出了各环境因子的控制要求和标准，力求"创新性、先进性"，希望为现代畜牧业的高质量发展提供参考。同时，图文并茂、视频配套的写作方式及先进的典型生产案例介绍，增加了丛书的可读性和实用性。但不同畜禽高密度养殖的生产模式、技术方向迥异，特别是肉牛、肉羊、奶牛、鹅等畜种不适宜全封闭养殖。因此，不同分册的体例、内容设置需要考虑不同畜禽的生产养殖实际，无法做到整齐划一。

丛书出版是全体编著人员通力协作的成果，并得到了华沃德源环境技术（济南）有限公司和北京库蓝科技有限公司的友情资助，在此一并表示感谢！

尽管丛书凝聚了各编著者的心血，但编写水平有限，书中难免有错漏之处，敬请广大读者批评指正。

我们期望丛书的出版能为我国畜禽健康高效养殖发展有所裨益。

丛书编委会

2021 年春

　　饲养环境对蛋鸡健康、鸡蛋质量与安全具有重要影响。欧美发达国家自 20 世纪 60 年代开始，围绕生产性能探析了温度、湿度、风速、热辐射等对蛋鸡体热调节、采食、产热、饲料转化率的影响，提出了有效温度、温湿指数、风冷效应等温热环境评价指标与参数，为蛋鸡舍环境改善和控制提供了依据。自 20 世纪 90 年代以来，随着对动物福利状态的关注，国际上在畜禽行为与认知、生理与代谢、健康与福利等方面开展了大量研究，提出了饲养密度、群体规模、栖架、沙浴和产蛋箱等空间需求参数，为建立以满足良好饲养环境、良好健康状态和恰当行为表达模式为主要内容的畜禽福利养殖模式提供了依据。基于相关社会舆论关注、技术进步与生产应用，欧盟已于 2012 年禁止蛋鸡传统笼养方式。

　　我国鸡蛋产量居世界首位，蛋鸡存栏量达到 14 亿只（产蛋鸡约 12 亿只）。蛋鸡行业年产值 3 000 多亿元，从业人员超过 1 000 万，是保障畜产品供给、促进农民增收和实现乡村振兴的支柱产业。目前，我国畜牧业发展已进入一个结构优化升级的关键阶段，蛋鸡产业正朝着产区分散、适度集约、品牌建设方向发展。《国家中长期科学和技术发展规划纲要（2006—2020 年）》将"畜禽水产健康养殖与疫病防控"列为农业科技发展的 9 个优先主题之一，研究蛋鸡健康养殖环境参数是推动我国蛋鸡产业转型升级、实现高质量发展的关键。

为践行"养重于防、防重于治"的可持续发展理念，确保鸡蛋产品的质量与安全，本书编写组在"十三五"国家重点研发计划"畜禽重大疫病防控与高效安全养殖综合技术研发"专项"养殖环境对畜禽健康的影响机制研究"项目"蛋禽舒适环境的适宜参数及限值研究"课题（2016YFD0500510）资助下，立足我国蛋鸡生产现状，研究提出了蛋鸡适宜环境参数，为蛋鸡科学饲养管理、环境控制、饲养工艺设计、设施设备研发、生物安全体系构建提供技术支撑。

本书介绍了温热环境、光环境、有害气体和群体环境影响蛋鸡健康与生产的综合评价指标体系，阐释了舍内环境因素的交互作用和组合效应，确定了后备鸡、产蛋鸡舒适环境的适宜参数及限值。本书结构完整，内容全面，各项技术指标科学、先进，可操作性强，对现代商品蛋鸡规模化、标准化生产具有一定的指导意义。本书的出版得到山东和美华集团有限公司的资助，特此致谢。限于作者水平和能力，本书可能还存在着许多不足之处，敬请读者批评指正。

编者

2021 年 3 月

序一

序二

前言

目 录

第一章
蛋鸡饲养设施与环境

我国鸡蛋的消费特征是面向国民需求，以满足内需为主，受国际市场影响较小。在现代蛋鸡生产体系中，品种、营养和环境是影响蛋鸡生产的三个关键要素。随着集约化、工业化饲养方式的发展，家禽生产中的环境问题越来越受到重视。我国 2005 年颁布实施的首部《中华人民共和国畜牧法》中明确提出：畜禽养殖场应当为其饲养的畜禽提供适当的繁殖条件和生存、生长环境。健康养殖即坚持科学发展观，以优化生产效率为中心，统筹考虑生产效益、动物健康、生态环境保护和产品质量安全四个方面，实现畜禽养殖的全面、协调、可持续发展。健康养殖取决于饲养环境，健康动物是"养"出来的，只有在饲养过程中，全面贯彻"养防并重""防重于治"的理念，从饲养环境和应激管理着手，提高家禽自身的健康水平和免疫能力，才能从源头上解决疫病频发的诱因（张子仪，2005a，2005b）。

世界各国生产实践和科学研究已经证明，家禽生长、繁殖、免疫机能等都受环境影响，如温湿度、气流、光照、噪声、有害气体、饲养密度等。这些环境因素超出适宜的范围或水平，则会激发机体应激反应，造成生产性能和健康水平下降（Wang 等，2017）。对这些环境因素进行合理的管理和控制，可以降低家禽应激反应，在提高家禽健康水平和福利水平的同时，提高饲料营养物质用于增重和繁殖的转换效率，获得更好的经济效益。发达国家通过立法不断提高畜禽生产的环境标准（1999/74/EC）。国内学者也开展了相关研究工作，分别研究了在不同类型禽舍和不同饲养方式条件下舍内空气环境对家禽生产性能的影响，但迄今为止并没有制定出系统、可靠的环境参数和技术规程，使我国家禽生产中环境控制水平发展滞后。"十三五"期间，国家启动了"养殖环境对畜禽健康的影响机制研究"科技专项，系统组织开展了畜禽的适宜环境参数及其限值研究，为畜牧业转型升级提供了科技支撑。

在环境控制设施装备方面，发达国家禽舍空气环境控制研发起步早，技术较为成熟，仪器设备自动化水平和匹配程度较高（Xin等，2011）。目前，我国家禽业在环境控制方面的信息化水平还比较落后。近年来，我国以嵌入式系统为核心，开发了禽舍温度、湿度、光照等多因素环境控制系统的硬件与软件技术，初步实现了禽舍环境的智能化管理。由于我国禽舍建筑类型多样，建筑材质复杂，自动化设备以及信息化管理与建筑设计不匹配的问题较为突出。国内自动化信息平台多数需要饲养管理人员手动操作，控制精度低，自动化水平不高，难以适应现代化管理的需要。随着家禽养殖规模化程度的提高，对环境控制也提出了更高的要求，提高养殖环境智能监控水平，是我国家禽养殖环境管理的发展趋势。环境控制已经成为影响我国家禽健康养殖的关键环节。

第一节　蛋鸡饲养现状

随着蛋鸡生产集约化水平的提高，饲养设施自动化水平不断提升，鸡舍环境控制能力也逐步提高，蛋鸡的生产环境不断得到改善。蛋鸡饲养设施主要包括饲养设施、饲喂设施、饮水设施、环境控制设施、清粪设施、集蛋设施和免疫消毒设施等。在集约化饲养条件下，鸡舍饲养环境质量取决于鸡舍的饲养设施设备。

蛋鸡生产模式主要有传统笼养、福利笼养（含环境富集设施）和散放饲养系统，其中环境富集设施主要包括产蛋箱、沙浴池、栖木、磨趾器等。饲喂设备有链式供料机、塞盘式供料机、全自动化行车式喂料系统，供水设施包括水过滤、减压、消毒、软化和贮存装置。鸡舍环境控制设备：通风设施包括风机（轴流式风机、离心式风机）、进气装置（窗式导风板、顶式导风装置）和控制设施；降温设施包括低压喷雾系统、湿帘-风机系统、喷雾-风机系统、高压喷雾系统；供暖设施包括暖风机或热风式通风供暖设施；光照设施主要包括灯具和遮光导流板；清粪设施包括牵引式清粪机、螺旋弹簧横向清粪机和传送带式清粪机；免疫设施包括饮水自动加药器、免疫喷雾器和消毒喷雾设施等；集蛋设备包括导入装置、拾蛋装置、导出装置、缓冲装置、输送装置等。

一、国际发展趋势

随着蛋鸡业的发展，蛋鸡规模化、集约化饲养水平不断提高。例如，世界第二大蛋鸡生产国——美国蛋鸡生产中，大规模蛋鸡养殖公司占据了主导地位，有 5 个养殖公司存栏量超过 1 000 万只、17 个养殖公司超过 500 万只、63 个养殖公司超过 100 万只，排名前 5 位养殖公司占美国蛋鸡存栏总量的 1/3（朱宁等，2018）。高密度笼养是美国蛋鸡生产的主要方式，采用自动喂料、集蛋、机械清粪和环境调控技术，机械化、智能化程度高；根据清粪工艺不同，其主要可以分为高床饲养系统以及传送带清粪系统，其中高床饲养约占总量的 69%。高床饲养鸡舍的饲养规模一般为 8 万～12.5 万只，通常采用负压横向通风方式，进风口位于鸡舍屋檐口处，通过设置在堆粪区侧墙上的风机排风，堆粪区位于养殖区的下方。根据日常管理措施的不同，鸡粪常堆放在堆粪区内 6～12 个月，并通过机械翻堆与循环风扇对鸡粪进行干燥，在适宜季节将鸡粪返田。传送带清粪系统鸡舍采用叠层笼养技术，每栋养鸡 10 万～12.5 万只。鸡粪由传送带运送到一端的清粪区，每天或者每半周向舍外清理一次，同时在鸡场内、外设置储粪池或者进行鸡粪堆肥。由于该系统可以及时将鸡粪清理出鸡舍，因此与高床饲养相比，该系统可以显著改善舍内空气质量，减少舍内氨气等有害气体、粉尘向舍外的排放，传送带系统在新建鸡场中的比例逐步提高。

蛋鸡笼养生产方式显著提高了蛋鸡生产的集约化水平和生产效率，但其有限的笼底面积和活动空间，制约了蛋鸡充分展现其自然行为的习性，造成鸡栖息、探究、就巢、展翅、嬉戏等行为的缺失，产生了严重的问题。欧洲国家自 20 世纪 60 年代开始关注层架式鸡笼中蛋鸡的福利问题。1966 年欧盟兽医科学委员会发布的报告指出，无任何附加设备的层架式鸡笼不利于蛋鸡的许多行为活动，因而需要为蛋鸡提供更好的饲养系统。近年来，随着社会对动物福利问题关注度的提高，欧美发达国家在蛋鸡福利饲养设施研发方面开展了大量工作，蛋鸡饲养模式发生了巨大的变化。欧盟与欧洲委员会制定了动物福利有关的指令，确定了欧盟国家动物生产系统或生产体系的伦理框架，通过立法禁止传统的蛋鸡笼养模式，欧盟理事会指令（1999）规定从 2012 年开始禁用传统型的层架式鸡笼，只允许采用装配型层架式鸡笼或非笼养型鸡蛋生产系统。在美国，近年来随着对高品质鸡蛋需求的逐步增加以及对动物福利关注度的不断提升，非笼养的新型蛋鸡生产模式开发成为研究的热点。加利福尼亚州已经通过法律于 2015 年禁止完全笼养方式。自 2015 年开始，美国主要的零售商、餐馆供应链和主要的食品公司承诺将转向使用来自非笼养系统的鸡蛋。目前，美国已经逐步开发出了地面平养、舍饲散养、栖架饲养、大笼饲养等新型福利化养殖系统，非笼养系统饲养的蛋鸡比例约 6%。拉丁美洲和南非也有相似的发展趋势。因此，在西方国家，传统的笼养蛋鸡模式趋于被淘汰，代之以富集笼养、舍内散养或户外饲养等模式，饲养装备也随之变革，新饲养设施更加注重满足蛋鸡的福利需求。例如，新的饲养模式中装备了产蛋箱、栖架、沙浴池等设施，每只蛋鸡拥有更多的活动空间。

二、我国蛋鸡饲养现状与趋势

我国蛋鸡规模化养殖水平不断提高。据 2014 年国家蛋鸡产业体系开展的调研表明，全国平均单场饲养规模为 5 409 只，存栏在 0.2 万～5 万只范围的养殖场（户）是蛋鸡养殖的主体，所占比例为 84.52％，其蛋鸡存栏量占到 88.28％。其中，存栏 1 万～5 万只产蛋鸡的比例最高，达到总数的 34.91％（杨宁等，2014）。作者团队于 2018 年末在山东省即墨市开展的调研表明，蛋鸡单场饲养规模进一步扩大，平均单场饲养规模为 1.27 万只，饲养规模低于 1 万只的饲养场约占 73％，而其饲养量仅占 30.6％；饲养规模 1 万只以上饲养场占养殖场总数的 27％，但其蛋鸡饲养量占比约为 70％（焦洪超等，2019）。

当前，笼养仍然是我国蛋鸡规模化生产的主要方式。我国标准化蛋鸡场建设有两种主推模式：一是适当发展存栏量 50 万～100 万只的大规模自动化生产模式，二是重点发展存栏量 1 万～5 万只的家庭农场标准化生产模式。近几年来，笼养方式由阶梯式笼养逐步向 H 型叠层笼养方向发展，2014 年国家蛋鸡产业技术体系的调查结果显示，超过 10％的蛋鸡场采用叠层笼养方式，并且新建鸡场采用叠层笼养方式比例逐步提高。目前，阶梯式笼养模式仍是传统蛋鸡产区的主要饲养方式。与 H 型笼饲养相配套的是传粪带的使用，相比传统的刮粪板清粪方式，传粪带更便于粪便清理，更有利于鸡舍环境改善（图 1-1）。

我国蛋鸡饲养设施的自动化水平仍然偏低，但是呈现随生产规模的扩大而明显提升的趋势。国家蛋鸡产业技术体系在全国 10 个蛋鸡主产省开展的调研表明，我国蛋鸡养殖场的饲喂方式仍然以

图 1-1　蛋鸡 H 型笼养模式与粪带

人工喂料为主，约占 90％，采用自动喂料设备的不足 10％（表 1-1）；随着饲养规模的增加，使用自动喂料设备的比例逐步增加，存栏量 5 万只以上规模的蛋鸡场采用自动喂料设备的比例超过 60％；但是，配备有集蛋设备的蛋鸡场仍然较少（杨宁等，2014）。我国机械化蛋鸡养殖比人工饲养的综合技术效率值、纯技术效率值高，并且随机械化水平提高，蛋鸡养殖综合技术效率值和纯技术效率值呈现出递增趋势，表明蛋鸡饲养设施水平充分体现了技术优势（朱宁和秦富，2015）。对我国蛋鸡养殖机械化专利方面的分析表明，2011 年后，蛋鸡养殖各机械关键技术的专利申请明显呈增长趋势，相关专利主要集中于饮水、喂料、清粪、集蛋和降温设备等方面（李芳环等，2017），表明我国蛋鸡饲养设施设备水平逐年提高。因此，我国蛋鸡养殖的设施化水平将会进一步得到提高。

表 1-1　我国蛋鸡场集蛋方式

饲养规模（只）	样本数	人工捡蛋（％）	机械集蛋（％）
＜2 000	2 703	99.48	0.52
2 000～4 999	8 284	99.70	0.30
5 000～9 999	4 079	99.37	0.67
10 000～50 000	2 093	96.10	3.90
50 000～100 000	59	88.06	11.94
＞100 000	14	77.78	22.22

资料来源：杨宁等（2014）。

笔者团队 2014 年在山东省的抽样调查结果同样显示，人工喂料方式所占比例仍然较高，占 45.4%，主要集中在 0.5 万只以下的养殖户中；采用行车式自动喂料方式的占 54.2%，其余偶见链条式料线喂料。绝大部分养殖场（户）采用人工集蛋方式（99.6%），仅有少数养殖场配备了自动集蛋设施（焦洪超等，2015）。2018 年开展的调研结果表明，使用机械喂料方式的比例显著升高：0.5 万只以下规模蛋鸡场（户）人工喂料比例高达 81.3%，而 0.5 万只以上规模机械喂料所占的比例超过 73%，3 万只以上的养殖场（户）机械喂料占比为 100%。在所调研的 114 家养殖场（户）中，使用机械集蛋的有 8 家，占 7.0%，主要是 3 万只以上规模场，而 3 万只以下场（户）基本采用人工捡蛋的生产方式（焦洪超等，2019）。以上调研结果表明，随着蛋鸡饲养规模的不断提高，机械化饲养设施装备率将不断提升。

我国蛋鸡舍环境控制设施主要是通风和夏季湿帘降温系统、人工照明系统等，其控制效果与饲养密度和饲养设施密切相关。例如，江苏省家禽科学研究所开展的调研表明，饲养设施对鸡舍环境有较大的影响，叠层笼养因饲养密度高，通风模式不同于阶梯笼养，两者舍内环境参数差异较大（表 1-2）。美国学者研究结果也表明，传统笼养配合传送带清粪系统蛋鸡舍（蛋鸡存栏 20 万只）内 NH_3 日平均浓度为 2.78mg/kg，而大笼饲养系统蛋鸡舍（存栏 5 万只）内 NH_3 日平均浓度为 4.67mg/kg，环境富集型大笼饲养系统蛋鸡舍（存栏 5 万只）内 NH_3 日平均浓度为 1.95mg/kg；PM10 日平均浓度在传统笼养鸡舍为 0.59mg/kg，在大笼饲养系统鸡舍为 3.95mg/kg，在环境富集型大笼饲养系统鸡舍为 0.44 mg/kg（Zhao 等，2015b）。近年来，我国单栋 20 万以上蛋鸡舍不断出现，随着单栋鸡舍饲养数量的增加，鸡舍环境自动控制技术的重要性日益显现。

表 1-2 叠层笼养与阶梯笼养蛋鸡舍内环境参数分析

	饲养密度 （只/m²）	CO_2 （mg/kg）	NH_3 （mg/kg）	H_2S （mg/kg）	温度 （℃）	湿度 （%）	光照 （lx）	噪声 （dB）	瞬间风速 （m/s）
叠层	7.93	659	4.0	<1	22.3	53.3	10.6	76.3	1.20
阶梯	4.48	587	1.2	<1	22.2	51.9	11.8	78.2	0.77

注：测定时间为 2011 年 9 月 12—22 日。叠层笼养鸡舍尺寸 65m×12.5m×3.5m，4 列 4 层层叠式，饲养量 22 541 只，风机（台、kW）8×1.1+2×0.50，湿帘面积 55m²，每天清粪 1 次；阶梯笼养鸡舍尺寸 90m×15m×3.3m，4 列 3 层阶梯式，饲养量 19 975 只，风机（台、kW）7×1.5，湿帘面积 50m²，每天清粪 3 次。

资料来源：王强等（2012）。

三、蛋鸡饲养设施与蛋鸡福利

所谓动物福利饲养，是指动物在无任何痛苦、无任何疾病、无异常行为、无心理紧张压抑的生理状态下生存和生长发育。蛋鸡福利状态取决于两个方面，一是人类对家禽环境生理的认识和对鸡舍饲养环境的控制程度，二是鸡对其所处环境所表现出的适应能力，这取决于动物对外界环境及其变化的感知与对应激荷载的反应强度。对于前者，随着人类文明的进步，对于动物所处生产环境的福利水平认知和要求也逐步提高，这也是近些年来对动物福利关注逐年提高的一个重要原因。对于后者，家禽生产中的动物福利状态实际上反映了环境、饲养管理、营养等多个层面因素对家禽的综合影响。因此，重视福利和福利评价可以发现饲养管理过程中存在的问题，为提高家禽健康、生产性能和产品品质提供科学依据。

目前欧盟和美国实施的福利立法中，对蛋鸡饲养设施提出了要求，包括活动空间、采食空间、饮水设施、产蛋巢面积、栖木空间、垫料、光照等，各国福利标准中对蛋鸡活动面积的要求详见表1-3。欧盟 1999/74/EC 指令将蛋鸡饲养方式分为三种不同的类型：非富集型鸡笼、笼养替代系统和富集型鸡笼。"非富集型鸡笼"是指笼养系统中普通的箱式鸡笼；"笼养替代系统"是指没有鸡笼的饲养系统，如散养鸡舍、圈养等；而所谓"富集型鸡笼"则是指提供满足鸡行为、生物学习性的"装备"（如产蛋箱、栖木和沙浴池等）的饲养系统，其目的就是给蛋鸡更多的活动自由，提高蛋鸡的福利。欧盟 1999/74/EC 指令促进了欧盟国家笼养系统的技术革新，不但改良了传统的箱式鸡笼，而且还发展了新的替代方式（散养鸡舍）。欧盟对动物福利的立法推动了世界范围内对蛋鸡福利的关注，图 1-2 是美国的 Aviary system。

图 1-2　美国的 Aviary System

（资料来源：https://www.poultryworld.net/Eggs/Articles/2017/1/The-best-non-cage-alternative-The-aviary-78561E/）

表 1-3　蛋鸡活动面积的福利标准

欧盟 （1999/74/EC）	美国加利福尼亚州	美国 UEP	新西兰	加拿大
环境富集笼：750cm²；非笼养方式：1m² 可利用面积不超过 9 只	白羽蛋鸡：每只鸡不低于 748.4cm²；褐壳蛋鸡：每只鸡不低于 864.5cm²	白羽蛋鸡：每只鸡不低于 800cm²；褐壳蛋鸡：每只鸡不低于 929cm²	富集笼养：每只鸡 550cm²；舍饲散养：每只鸡不低于 750cm²	富集笼养：每只鸡不低于 580.6cm²；舍饲散养：含产蛋箱在内每只鸡不低于 750cm²（或不含产蛋箱不低于 600cm²）

　　蛋鸡的动物福利在我国也受到广泛关注和高度重视。在《中华人民共和国畜牧法》中明确提出："畜禽养殖场应当为其饲养的畜禽提供适当的繁殖条件和生存、生长环境。"但是，我国国情不同

于欧美发达国家，人口多、人均耕地面积少的国情决定了我国畜禽养殖生产模式不能照搬国外的福利饲养模式。因此，关注动物福利和家禽健康养殖，改善家禽生产环境，降低应激水平，实现养殖业可持续发展，是我国蛋鸡生产未来发展需解决的关键问题。当前的重要任务一方面是通过加强对蛋鸡环境生理的基础研究，确定饲养环境和福利状态对蛋鸡生产水平与产品品质的影响；通过研究提出蛋鸡适宜的生产环境参数，建立相应的技术标准体系，为构建具有我国特色的新的生产模式提供技术支撑，建立人畜安全、健康养殖的现代生产模式。另一方面，在设施装备研究中，利用动物福利理念，通过设计的创新及材料的改良，提升蛋鸡在饲养设施中的福利水平。例如，国内传统型笼具设计尺寸只能满足每只鸡的使用面积为 450cm^2 左右，且选用的镀锌低碳钢冷拔丝底网材料对鸡的生长性能有一定负面影响；Chore-Time（侨太）公司设计的笼具可以满足每只鸡的使用面积为 600cm^2 左右，符合欧盟保护蛋鸡最低标准指令（1999/74/EC），且选取塑料材质的底网可从笼具中间分为两段，在淘鸡时可将底网成倒八字打开，鸡随传送带送到鸡舍外，解决了蛋鸡淘汰时转运困难的问题。此外，我国蛋鸡生产推广使用的传送带清粪方式，有效降低了鸡舍有害气体浓度；在蛋种鸡生产中采用大笼饲养、减少单笼饲养数量等方式均在一定程度上改善了蛋鸡福利水平。因此，关注动物福利，改善鸡舍环境，是实现蛋鸡健康生产的保证。

第二节　蛋鸡舍饲养环境概述

蛋鸡生产中的环境因子包括温度、湿度、光照、气流、热辐射、有害气体（氨气、硫化氢等）、微粒、微生物、饲养密度与群体规模等，这些环境因子独立或交互影响形成了影响蛋鸡生产的饲养环境。

一、热环境

温度、湿度、风速和热辐射等环境因子共同构成了家禽的热环境，影响家禽的体热调节和热平衡。构成热环境的环境因子的综合效应常以有效温度表示，即不同的气温、气湿、气流和辐射热在相辅相成或相互制约条件下对机体体热调节产生相同影响的空气温度，又称"实感温度"或"体感温度"。家禽具有全身被以厚羽，无汗腺，散热能力差，在高温环境下主要依赖于呼吸道蒸发散热的特点。因此，热环境对家禽的影响主要是对热平衡维持的影响，家禽机体对热环境的体热调节反应包括产热调节和散热调节，具体表现为行为（热喘息、展翅、蜷缩、扎堆等）、采食（采食量升高或下降）、代谢率和产蛋性能的变化等。

蛋鸡舍内温度、湿度和气流分布受通风系统设置的影响，如风机数量与位置、进风口分布与面积等，并受鸡笼内食槽、饮水设施配置和鸡密度的影响。通常情况下，鸡笼内气流速度低于舍内通道，温度高于舍内通道。笔者团队对山东省四叠层笼养商品鸡舍开展的环境监测研究表明，鸡舍内不同位置鸡笼温度存在着显著性的差异：在舍内垂直方向，第二层温度最高（表1-4）；在鸡舍长轴方向（纵向），由湿帘处至风机处，温度先不断升高，在风机处又有所下降（表1-5，孙明发等，2019）。在不同的季节，根据鸡舍不同位置的实际情况合理调整饲养管理，可以提高笼养蛋鸡的生产性能和经济效益。

表 1-4　蛋鸡舍温度垂直方向分布（℃）

季节	顶层笼内	第二层笼内	第三层笼内	底层笼内
春季	23.84±0.21[b]	25.77±0.23[a]	25.46±0.27[a]	24.48±0.28[b]
夏季	27.47±0.22[b]	28.65±0.26[a]	28.52±0.25[a]	27.99±0.23[ab]

（续）

季节	顶层笼内	第二层笼内	第三层笼内	底层笼内
秋季	22.71±0.24[c]	24.51±0.28[a]	24.14±0.31[ab]	23.38±0.33[bc]
冬季	19.36±0.30[b]	21.72±0.21[a]	21.10±0.21[a]	19.74±0.24[b]

注：所测定鸡舍为4列、4层笼养蛋鸡舍，存栏3.5万只。a～c同一行平均值上标不含相同字母者差异显著。

表1-5　蛋鸡舍温度纵向分布（℃）

季节	$Z_湿$	Z_1	Z_2	Z_3	Z_4	$Z_风$
春季	18.77±0.11[e]	23.75±0.15[c]	24.45±0.14[b]	25.57±0.19[a]	26.03±0.07[a]	22.56±0.20[d]
夏季	25.80±0.50[d]	27.14±0.12[c]	27.54±0.17[bc]	28.71±0.13[a]	29.22±0.08[a]	27.83±0.05[b]
秋季	21.76±0.14[de]	22.21±0.11[d]	23.25±0.08[c]	24.44±0.15[b]	24.99±0.12[a]	21.59±0.49[e]
冬季	9.95±0.10[de]	19.91±0.20[d]	20.20±0.13[c]	20.60±0.33[b]	21.50±0.27[a]	15.29±0.65[e]

注：$Z_湿$、Z_1、Z_2、Z_3、Z_4 和 $Z_风$分别为湿帘处、近湿帘端1/5处、近湿帘端2/5处、近湿帘端3/5处、近湿帘端4/5处和风机处位置。a～c同一行平均值上标不含相同字母者差异显著。

笔者团队对广东省八叠层笼养商品鸡舍温度进行了全年监测，鸡舍存栏9万只商品蛋鸡，鸡笼布局为5列、8叠层。监测结果表明，温度横向分布以中间列温度最高（第3列），纵向由进风口至排风口温度逐渐升高，垂直方向以第3层（由下至上）温度最高、第8层温度最低，四个季节表现出相同的规律（图1-3至图1-6）。

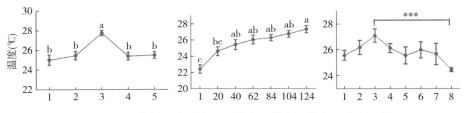

图1-3　鸡舍春季温度分布（左中右：横向、纵向和垂直温度）

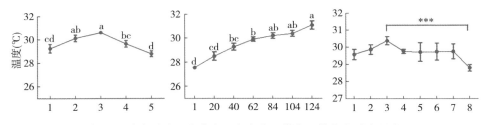

图1-4　鸡舍夏季温度分布（左中右：横向、纵向和垂直温度）

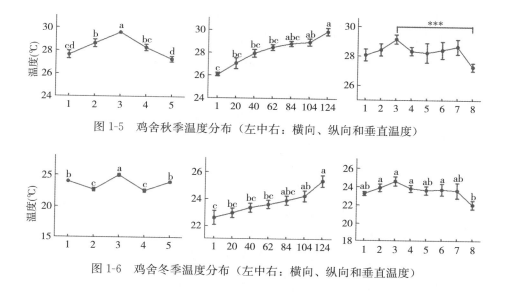

图 1-5　鸡舍秋季温度分布（左中右：横向、纵向和垂直温度）

图 1-6　鸡舍冬季温度分布（左中右：横向、纵向和垂直温度）

二、光环境

光环境包括光照周期、光波长和强度。光照主要通过对视神经的刺激和穿透颅骨作用于大脑而发挥作用。鸡是长日照动物，光照能够影响育成鸡的发育和开产日龄，并影响开产后的产蛋性能。前人研究表明，产蛋期蛋鸡通常采用的光周期为 16 h（光照）∶8 h（黑暗），食槽处的平均光照强度以 10lx 为宜，最低处不低于 5lx（Zhao 等，2015a）。

鸡舍内光照强度通常受灯具类型、灯具布置方式（行距和高度）及灯具表面清洁度的影响。鸡舍常用的光源包括白炽灯、荧光灯和汞蒸气灯等。白炽灯发光效率较低，由于价格便宜、安装方便等特点，应用较为广泛。荧光灯较白炽灯发光效率高，但是存在价格较贵、发光效率受环境温度影响较大的缺陷（一般要求环境温度为 21~27℃）。汞蒸气灯发光效率与荧光灯相近，使用寿命较长，但是每次启动需要一定预热时间。近期，一种新型光源——发光二极管（light emitting diode，LED）在蛋鸡养殖生产有了成功应用。LED是能够将电能直接转化为可见光的固态半导体器件，具有电光转化效率高、节能、无辐射无频闪等特点。中国农业大学宁中华课题组在白来航蛋种鸡上开展的研究表明，LED灯对育成鸡发育无不良影响，对产蛋期产蛋率、破蛋率、种蛋合格率、平均蛋重和饲料转化率无显著影响，在育成期和产蛋期均可在一定程度上降低死淘率。LED灯在商品蛋鸡和地方品种蛋鸡中也得到了成功应用（高明超等，2017）。在6~25lx范围内，LED灯平均光照强度为20lx时层叠笼养蛋鸡具有较好的生产性能和福利状态（于江明，2016）。LED灯具有较好的节能效果，以一栋40个灯位的鸡舍计算，每年总计使用电费及灯泡耗材可节省较大的成本费用（刘建等，2012）。但是，LED灯具有光源指向性过强的特点，其光束角为120°，影响其在水平和垂直方向的光照强度分布。在两栋商品蛋鸡舍开展的测定研究中，LED灯按一高一低的位置重复安放，较高位置的灯泡大约在第四层料槽处（距地面2.5m），较低位置灯泡约在第三层料槽处（距地面1.7m），所有灯泡横向垂直鸡笼的距离均为0.7m；灯泡之间横向距离均为3m；结果发现第二层鸡笼食槽处光照强度最高，为27.6~37.0lx（平均32.3lx）；第一层次之，为19~28.2lx（平均23.6lx）；第三层为20.6~24.7lx（平均22.6lx），第四层最低，为7.8~9.1lx（平均8.4lx）（王龙等，2016a）。这一结果提示在使用LED灯作为光源时应注意光照的均匀性。LED光源在家禽生产中的成功应用还需进一步研究，如需要考虑其光源基础特性、家禽生长发育阶段与生理特点等（泮进明等，2013）。LED光源具有单色性好、体积小、光参数可控等优势，使得单色光应用、空间补光方案和光照智能化控制成为可能（杨潇等，2018）。

鸡舍照明存在的主要问题之一是光照强度分布不均匀，在叠层笼养模式中尤为突出。在5列8层H型笼养设备鸡舍内开展的监测结果表明（表1-6），鸡笼内外光照强度有较大差异，不同笼层间差异也较大（梁军等，2017）。此外，灯具开关时的骤明骤暗对蛋鸡生产也有一定影响。在开灯后 1.5 h 内光照强度调整为 80%（5：30—7：00），然后维持 100% 光照强度（7：00—18：00），关灯前 2 h 将光照强度降低至正常值 80%（18：00—20：00），对采食量有一定的影响（表1-7）。

表 1-6　H 型笼养蛋鸡舍内光照强度分布（lx）

鸡舍	笼外平均				笼内平均			
	第一层	第二层	第三层	第四层	第一层	第二层	第三层	第四层
T1	23.8	30.6	26.1	18.1	6.7	10.6	15.6	11.3
T2	21.4	26.2	24.5	10.5	4.7	9.9	14.6	6.0

注：①单列灯泡个数 22 个，灯泡间距 3.1m，灯泡离地高度：高灯 2.4m、低灯 1.9m；②笼层数为由下至上；③T1 为光强度可调鸡舍，T2 为光强度不可调鸡舍，存栏蛋鸡均为 65 000 只；④测定点为纵轴方向两端与中间点位置的鸡笼内外。

表 1-7　光照强度管理对 H 型笼养蛋鸡生产性能影响

鸡舍	采食量 [g/（只·d）]	产蛋率（%）	死淘率（%）
T1	105.6	95.0	0.21
T2	103.9	94.9	0.19

资料来源：梁军等（2017）。

三、有害气体

鸡舍内的主要有害气体为氨气和硫化氢，主要是由家禽排泄物经微生物代谢后产生的。氨气和硫化氢刺激鸡呼吸道黏膜和眼结膜，导致化学烧灼，造成炎症。

1. 氨气　家禽排泄物中含有大量的含氮物质，主要来源包括粪便中未消化吸收的粗蛋白、尿液中排放的蛋白质代谢终产物（主要为尿酸，占总氮量的 80% 以上，其次为占比 10% 的氨和占比 5% 的尿素），粪尿中的含氮物质在微生物酶作用下分解为氨。因

此，降低粪便中含氮物质排放和减少微生物对含氮物质的分解利用是降低蛋鸡舍氨气水平的重要途径。影响蛋鸡舍氨气水平的因素主要有鸡的饲养密度、粪便收集与清除频次、鸡舍通风情况、环境温度、粪便水分与 pH 等。对于采用地面饲养和舍饲散养方式的蛋鸡舍，氨气的释放还受鸡群活动状态和垫料类型影响（David 等，2015a）。美国学者对三种饲养方式蛋鸡舍开展了监测研究，包括传统笼养蛋鸡舍（存养 20 万只、饲养密度为 $516cm^2$/只）、富集大笼饲养鸡舍（存养 5 万只、饲养密度为 $752cm^2$/只）和舍饲散养（存养 5 万只、饲养密度为 1 253～1 257cm^2/只），监测结果表明三种饲养方式鸡舍水平的氨气排放速率分别为每只鸡每天 0.082 g、0.054 g 和 0.112 g（Shepherd 等，2015）；鸡舍内的氨气浓度分别为 2.9～3.2mg/m^3、2.0～2.3mg/m^3 和 4.7～5.5mg/m^3（Zhao 等，2015b）。David 等（2015a）综述了饲养方式和清粪方式对鸡舍内氨气浓度的影响（表 1-8）。

表 1-8 饲养方式和清粪方式对蛋鸡舍氨气浓度的影响

饲养方式	清粪方式	测定季节与时间	氨气浓度 (mg/m^3)	资料来源
地面饲养	垫料不清理	12 月至翌年 4 月	15.2	Reuvekamp 和 Van Niekerk (1996)
传统笼养	深坑	夏季、冬季	13.5	Wathes 等 (1997)
舍饲散养	垫料不清理	夏季、冬季	12.3	
舍饲散养	垫料粪带清理	5 个连续 3 周测定	5～30	Groot Koerkamp 和 Bleijenberg (1998)
富集笼养	粪带清粪	3.5 年	1～2	Tauson 和 Holm (2001)
地面饲养	粪带清粪	3.5 年	5～40	
传统笼养	每天粪带清粪 1 次	1 年	2.8～5.4	Liang 等 (2005)
	深坑	1 年	35.9～44.8	
舍饲散养	垫料＋粪带，每 5 d 清理 1 次	1—4 月	32～38	Nimmermark (2009)
富集笼养	粪带，每 5 d 清理 1 次	1—4 月	2.5～5.2	

（续）

饲养方式	清粪方式	测定季节与时间	氨气浓度（mg/m³）	资料来源
富集笼养	粪带每周清理1次	2年	0.4~4.2	Hinz 等（2010）
舍饲散养	垫料＋粪带，每周清理1次	2年	2.2~18.5	
	垫料不清理	2年	9.2~47.4	
地面饲养	垫料不清理	2年	1.9~33.6	
传统笼养	开放堆积	1年	5.37	Costa 等（2012）
	粪带清理	1年	4.95	
舍饲散养	垫料粪带清理	1年	3.85	
传统笼养	粪带每周清理2次	27个月	4.0	Zhao 等（2015）
富集笼养	粪带每周清理2次	27个月	2.8	
舍饲散养	垫料＋粪带，每周清理2次	27个月	6.7	

2. 硫化氢 鸡舍硫化氢气体主要来源于微生物对粪便和破损鸡蛋中含硫氨基酸的分解。硫化氢能够损伤鸡呼吸道黏膜，造成炎症。蛋鸡在饲喂含18%粗蛋白、0.2%硫的日粮条件下，硫化氢排放速率约为每天每只0.5mg。生产条件下，蛋鸡舍内硫化氢的释放速率为每天每只1.79~1.91mg（Li等，2012）。当鸡舍内缺乏良好的通风时，会导致硫化氢在鸡舍内聚集，影响蛋鸡健康与产蛋性能。

四、粉尘、微粒与微生物

鸡舍空气中粉尘是由多种有机和无机组分构成的一类混合物，无机组分主要来源于土壤、建筑粉尘等，包括钙、矿物质、重金属等，有机组分主要来源于家禽本身及其排泄物和饲料粉尘。笼养蛋鸡舍内粉尘主要包括两种微粒，一类是源于皮屑和饲料微粒，直径1~450μm，具有扁平、片状和细胞状结构的微粒；另一类是源于羽柄的具有节或节间结构的扁平、圆柱状微粒；其他的微粒还包括微生物（真菌、孢子、细菌、病毒）及其组分（肽聚糖、β-葡聚

糖、真菌毒素、内毒素等)、消毒剂、杀虫剂、抗生素等，甚至也包括吸附于微粒上的刺激性气体分子，如氨气和臭气等形成的气溶胶通常附着在上述粉尘上（David 等，2015b）。

在哺乳动物上，各种粒径微粒均可沉积在鼻咽部，空气动力学粒径小于 $15\mu m$ 的可以进入气管支气管，$5\sim10\mu m$ 颗粒可到达细支气管，小于 $7\mu m$ 的可以到达肺泡（Le Bouquin 等，2013）。根据粒径大小，可以将微粒分为可吸入微粒和呼吸性微粒。直径小于 $20\mu m$ 的为可吸入微粒，其中空气动力学直径小于 $5\mu m$ 的称为呼吸性微粒。亦有分类方法把粒径小于 $100\mu m$ 均认定为可吸入微粒，呼吸性微粒占可吸入微粒总量的 $5\%\sim10\%$。与哺乳动物相比较，家禽呼吸性微粒的粒径更小。对于 $2\sim4$ 周龄的雏鸡，$5\sim10\mu m$ 微粒不能到达其肺部和气囊。有研究表明 $3.7\sim7\mu m$ 颗粒在呼吸道前部沉积，$0.091\sim1.1\mu m$ 微粒则可以进入肺部和气囊。据此，可以将小于 $1.1\mu m$ 的微粒定义为家禽的呼吸性微粒，超过 $4\mu m$ 为可吸入微粒。

鸡舍内微粒数量受饲养方式影响。法国学者对 30 栋笼养鸡舍（标准笼养鸡舍：0.18 只/m³、配有 3 个屋顶强制通风烟筒、19 个侧墙风机和 6 个山墙风机；富集型笼养鸡舍：0.17 只/m³、配有 1 个屋顶强制通风烟筒、16 个侧墙风机和 8 个山墙风机）、60 栋地面饲养系统（0.41 只/m³、自然通风）和 11 栋立体散养系统（0.34 只/m³、自然通风＋7 个侧墙负压排风扇）鸡舍进行的测定表明，舍内多层散养鸡舍空气中微粒水平最高，为 1.19mg/m³（0.80～1.59mg/m³），地面饲养鸡舍次之，为 0.37mg/m³（95％ CI，0.31～0.42mg/m³），再次为富集型笼养鸡舍，为 0.15mg/m³（0.12～0.18mg/m³），而传统笼养鸡舍最低，为 0.11mg/m³（0.10～0.14mg/m³）（Le Bouquin 等，2013）。这一结果提示，对于家禽福利状态的评估应更加全面，传统笼养鸡舍的优点应予以充分肯定，而在一般认为福利水平较高的散放饲养系统中应重视对空气中粉尘、微粒的控制。

　　饲料形态和饲喂方式也是影响鸡舍内微粒含量的重要因素。使用颗粒饲料能有效降低粉尘浓度，研究发现，与粉状饲料相比，3mm 的颗粒饲料可减少 40％呼吸性粉尘，7mm 的颗粒饲料较 3mm 的还能降低 17％。笔者团队开展的研究表明，蛋鸡舍内的粉尘与饲料形态密切相关，通过对比饲喂颗粒料和粉料的鸡舍发现，饲喂颗粒料组小粒径颗粒（≤1.0μm）含量在加料后 1 h 和 3 h 时明显高于粉料组，而大粒径（≥3.0μm）粉尘在加料后颗粒料组明显高于粉料组；随着时间延长，颗粒料组粉尘下降明显，在 3h 时要低于粉料组但并没有达到显著水平。此外，笼养鸡舍空气中的微生物水平也与饲喂活动有关。加料过程会导致需氧菌含量增加，而随着时间的增长，需氧菌含量下降；饲喂粉料时需氧菌含量在刚开始加料时、加料后 1 h、3 h 均比饲喂颗粒料高（图 1-7）。

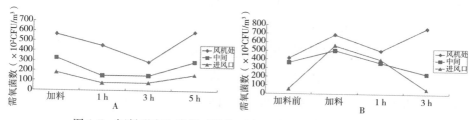

图 1-7　饲料形态和喂料对笼养蛋鸡舍空气中需氧菌数量的影响
A. 颗粒料组　B. 粉料组

　　高密度笼养方式中采用叠层笼养和传送带清粪系统，可以及时将鸡粪清理出鸡舍，显著减少舍内氨气等有害气体和粉尘、微粒的浓度及其向舍外的排放，改善舍内空气质量。空气除尘和过滤是降低舍内粉尘、微粒和微生物的有效手段。研究发现湿法除尘器可去除 40％粉尘、15％二氧化碳、25％氨气及 50％微生物。鸡舍使用小型静电除尘器，能去除大于 8μm 的粒子，而对于小于 3μm 的粉尘粒子其除尘效率不到 50％。利用过滤方法也可以实现除尘，粉

尘浓度和微生物菌落数可降低 50％～60％。

五、饲养密度

蛋鸡仍保留有一定的飞行能力，对空间需要较高。在笼养模式中，空间容量是指每只鸡最低可用的笼底面积（m^2）。笼养蛋鸡的空间需求一般用饲养密度表示，饲养密度是单位笼底面积所饲养蛋鸡的数量或单只蛋鸡所占有的笼底面积。饲养密度的大小直接决定设施设备投资水平及蛋鸡生产水平、福利状态和行为表达等。在非笼养模式中，空间容量通常用每只鸡占有的地面面积、栖架面积、产蛋位数量等表示。

笼养蛋鸡饲养密度一般为 16～25 只/m^2。《海兰褐商品代蛋鸡饲养管理手册》推荐的笼养密度为：育雏期（0～3 周龄）100～200cm^2/只，育成期（4～17 周龄）310cm^2/只，产蛋期490～750cm^2/只。笼养模式下，蛋鸡所占空间小，限制了其正常行为如就巢、沙浴、栖息等的自由表达，并且由于缺乏充足的运动空间，蛋鸡缺乏有效运动而易出现腿部健康问题，发生骨质疏松和产蛋疲劳症等。因此，笼养模式造成的蛋鸡健康和福利问题日渐受到重视和关注。国内外大量研究表明，随着蛋鸡饲养密度的增加，体重、产蛋量、蛋重都会有一定程度的下降，并造成蛋鸡死亡率升高。除饲养密度外，单位空间内鸡的数量对蛋鸡生产性能也具有重要影响。杨长锁团队在夏季对比了不同饲养设施下饲养密度对蛋鸡生产性能的影响，监测的两栋鸡舍分别为 8 层叠层笼鸡舍（饲养海兰褐蛋鸡 100 770 只，45 周龄）和 4 层叠层笼鸡舍（饲养海兰褐蛋鸡 32 584 只，45 周龄），结果表明，尽管鸡舍内温度与湿度相近，但是高密度叠层式笼养蛋鸡在夏季高温高湿环境下均可引起热应激反应，叠层笼层数越多鸡群所受到的应激程度相对越大（表 1-9）。

表 1-9　叠层笼养下饲养密度对蛋鸡生产性能的影响

周龄	周平均温度（℃）		周平均湿度（%）		周死淘率（%）		周平均产蛋率（%）		平均蛋重（g）		每只鸡每天耗料（g）	
	8层	4层	8层	4层	8层	4层	8层	4层	8层	4层	8层	4层
45	28.30	28.50	50.14	51.72	0.07	0.08	90.04	92.51	62.56	62.04	104.94	112.45
46	30.91	30.12	78.64	79.53	0.27	0.13	89.38	91.92	62.68	61.71	108.87	134.63
47	30.40	30.50	80.11	78.67	0.46	0.20	88.92	90.11	63.12	61.99	108.13	104.71
49	31.40	31.30	80.54	79.13	1.21	0.22	83.21	89.15	61.33	61.61	79.02	103.12
50	30.12	30.10	78.15	77.19	0.31	0.17	77.24	89.03	60.78	61.49	80.42	110.21
51	30.07	30.05	75.79	74.14	0.13	0.17	78.46	86.45	61.42	60.43	97.86	109.14

资料来源：朱丽慧等（2018）。

第三节　环境因子对蛋鸡的影响

蛋鸡生产过程中时刻与周边环境进行着物质交换，周边环境对其健康与生产性能具有重要影响。

一、热环境

家禽体热调节具有全身被以厚羽、无汗腺、散热能力差、在高温环境下主要依赖于呼吸道蒸发散热等特点。热环境对家禽热平衡影响包括产热调节和散热调节，具体表现为：行为调节（热喘息、展翅、蜷缩、扎堆等）、采食调节（采食量升高或下降）和产蛋性能（合成代谢产热）变化。

1. 对体温调节影响　家禽在热生理方面具有不对称性，其体温（42℃）更接近其存活温度的上限（47℃，以调控类蛋白变性为基准），而远离其存活温度的下限（0℃，以水冻结为基准）。因此，对于家禽而言，机体过热比过冷更加危险。蛋鸡通过四种不同方式散发体内产生的热量（图1-8），以辐射、对流和传导方式散发的热量可以加热空气，统称为可感散热；除此之外是蒸发散热，会增加

21

空气湿度。通常情况下，成年鸡的等热区（热中性区）为18～24℃。在这个温度范围内，可感散热足以维持鸡的正常体温。当气温超过等热区时，可感散热的效率下降。此时，呼吸道蒸发散热成为鸡的主要散热方式。每蒸发1g水，体热散失约800J（水在常压、100℃条件下的汽化热）。当温度超过等热区上限临界温度时，体温升高，继而可能导致死亡。

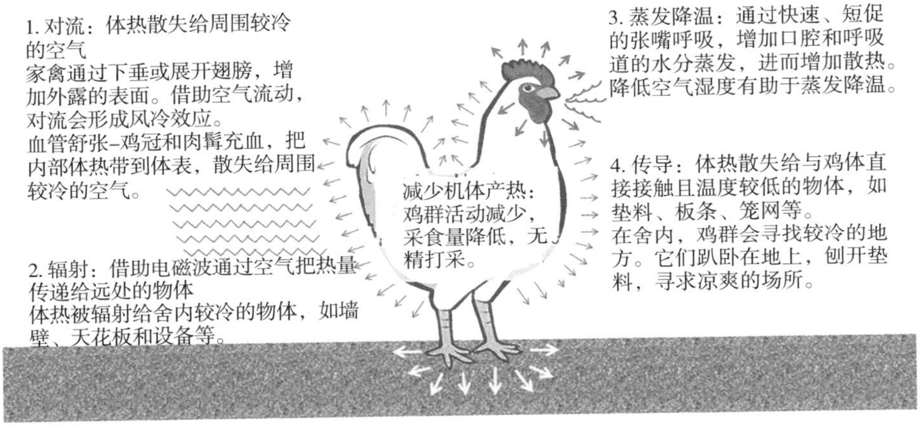

1.对流：体热散失给周围较冷的空气
家禽通过下垂或展开翅膀，增加外露的表面。借助空气流动，对流会形成风冷效应。
血管舒张-鸡冠和肉髯充血，把内部体热带到体表，散失给周围较冷的空气。

2.辐射：借助电磁波通过空气把热量传递给远处的物体
体热被辐射给舍内较冷的物体，如墙壁、天花板和设备等。

减少机体产热：鸡群活动减少，采食量降低，无精打采。

3.蒸发降温：通过快速、短促的张嘴呼吸，增加口腔和呼吸道的水分蒸发，进而增加散热。降低空气湿度有助于蒸发降温。

4.传导：体热散失给与鸡体直接接触且温度较低的物体，如垫料、板条、笼网等。
在舍内，鸡群会寻找较冷的地方。它们趴卧在地上，刨开垫料，寻求凉爽的场所。

图 1-8 鸡的散热机制
（资料来源：Hy-Line Technical Updates，2016）

由于家禽全身被以厚羽且无汗腺，在高温环境下主要依赖于呼吸道蒸发散热，因此鸡的耐热性能和受高温影响程度与空气湿度有关。笔者前期研究表明，高温下湿度增加会显著升高体温（表1-10）。

表 1-10 热处理24 h对4周龄雏鸡体温调节的影响（$n=10$）

环境温度与湿度	21℃		35℃	
	60% RH	35% RH	60% RH	85% RH
体温（℃）	40.83[c]	42.07[b]	42.62[a]	42.81[a]

注：RH表示相对湿度，同行上标不同字母表示差异显著（$P<0.05$）。
资料来源：Lin 等（2005a，2005b）。

随着气温的升高，蛋鸡可感散热不仅在总散热量中的比重逐渐下降，而且其绝对散热量亦受到显著抑制。蛋鸡（14～399 日龄）的蒸发散热量（Y）与环境温度（10～40℃）之间呈指数关系（空气湿度为 60%～80%RH）。

$$\text{Lg}Y\ (\text{W/kg}) = 0.026T - 0.802$$

式中，Y 指蒸发散热量（W/kg）；T 指环境温度（℃）。

高温下，蛋鸡产热量显著降低。利用呼吸舱分别在 12～36℃和 18.3～35℃两个温度范围内开展的研究表明，当环境温度升高时，蛋鸡产热量显著下降，并以非线性方式降低。Marsden 和 Morris（1987）汇总分析了数十项研究数据，发现在 10～34℃内，蛋鸡产热量随环境温度升高呈三次曲线变化形式：在 10～32.5℃内，白来航蛋鸡产热量呈缓慢下降状态；当环境温度高于 32.5℃时，产热量迅速上升。需要特别指出的是，在该项研究中，蛋鸡产热量并非实际测定值，而是用摄入代谢能减去产蛋和增重所存储的能量推算而来。利用呼吸舱直接测定不同环境温度下（5～40℃，每小时升高 5℃）蛋鸡的产热量的研究发现，当气温低于 25℃时，随着温度升高，产热量降低；超过 25℃时，随着温度升高，产热量增加。对体表温度的监测发现，当环境温度从 24℃上升到 31℃时，蛋鸡腿部温度升高了 3℃。有研究表明，在 20～30℃范围内，白来航蛋鸡的直肠温度变化不显著；当环境温度超过 30℃时，直肠温度急剧上升。高温下，产热量的增加是由于体温增加所致。

呼吸频率可以反映家禽的蒸发散热量，高温时蛋鸡呼吸频率增加。当环境温度由 20℃升高至 30℃时，蛋鸡呼吸频率可由 23次/min 增加至 200 次/min。利用呼吸测热室测定进出呼吸舱的气体中水蒸气含量变化的研究表明，环境温度对蛋鸡蒸发散热量的影响规律是：在 5～25℃范围内，白来航蛋鸡的蒸发散热量变化不明显；当环境温度超过 25℃后，蒸发散热量急剧升高。

2. 对采食影响　蛋鸡适宜的生产温度一般为 20℃左右，低于或高于这一温度则采食量开始增加或下降（图 1-9）。家禽可以通过调节采食量来改变产热量，以维持体温恒定。当环境温度高于 22.4℃时，代谢能摄入量降低。在 26.5～30℃ 范围内，蛋鸡代谢能日摄入量随环境温度升高呈加速下降态势。有研究表明，当环境温度从 22℃ 升高到 27.8℃ 时，蛋鸡日采食量减少 4 g；当环境温度从 27.8℃ 增加到 31.1℃ 时，蛋鸡日采食量减少 10 g 左右。Marsden 和 Morris（1987）综述了前人研究提出，随温度升高蛋鸡采食量的下降程度逐渐加强，产蛋鸡在环境温度＜20℃、20～25℃、25～30℃ 和 30～35℃ 时，温度每升高 1℃，采食量的变化分别为 ＋1.0g/d、−1.3g/d、−2.3g/d 和 −4g/d；家禽采食量随气温变化的规律受不同品系的影响，来航鸡和褐壳蛋鸡品系的能量摄入量对环境温度（T,℃）的反应曲线分别为：

白来航鸡：$Y(\text{ME},\text{kJ/d}) = 1\,606 - 35.28T + 1.647T^2 - 0.036\,2T^3$

褐壳蛋鸡：$Y(\text{ME},\text{kJ/d}) = 3\,597 - 294.47T + 13.589T^2 - 0.218\,3T^3$

式中，Y 指代谢能摄入量（kJ/d）；T 指环境温度（℃）。

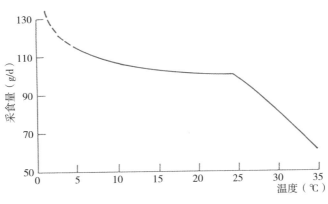

图 1-9　温度对蛋鸡采食量的影响
（资料来源：NRC，1981）

家禽采食受食欲相关基因的调控。Song 等（2012）检测热暴露蛋鸡摄食调控相关基因（神经肽）表达发现，在中枢系统，下丘脑饥饿激素和可卡因-苯丙胺调节转录肽（CART）mRNA 水平升高，胆囊收缩素（CCK）降低；在外周组织，腺胃和空肠 *ghrelin* mRNA 丰度增加，十二指肠和空肠 CCK 减少。上述食欲调控基因表达的改变是机体限制能量摄入、防止体温过高的一种保护机制。

甲状腺激素也参与动物采食和产热调控。当环境温度从 20℃ 上升到 32℃ 时，蛋鸡血液三碘甲腺原氨酸（T_3）浓度显著下降，而甲状腺素（T_4）则无变化。我国学者研究表明，高温使产蛋鸡甲状腺绝对重量降低，血浆中 T_4 和 T_3 含量随温度的升高呈现波动性变化：一般高温（30℃，短时间作用）时，血浆 T_4 含量升高，而 T_3 含量下降；极端高温（34～35℃，长时间作用）时，血浆 T_4 含量下降，而 T_3 含量升高。

下丘脑-垂体-肾上腺（HPA）轴是调控机体应激反应的主要神经内分泌轴，HPA 轴激发的结果是糖皮质激素的释放增加，诱发应激反应，应激反应也参与了采食调控。高温影响应激激素——糖皮质激素的释放，高温条件下血浆皮质酮含量会出现先升高后降低的现象。也有研究表明，30℃高温持续 9 h 使血液皮质酮含量下降 43.6%，35℃高温持续 9 h 使血液皮质酮含量下降 71%。笔者团队的研究发现，糖皮质激素具有促进食欲的作用，尤其是促进了对高能日粮的特殊食欲，这一效应是通过上调下丘脑食欲调控肽 NPY 表达而实现的（Liu 等，2014）。

3. 对生产性能影响　环境高温降低蛋鸡产蛋性能。与适温 21～23℃相比，25～28℃的持续高温对产蛋率、蛋重和体重影响不大，但 30～32℃的持续高温使产蛋率降低 3.4%～19.6%，蛋重下降 0.6%～5.9%，体重减轻 9.2%（Yoshida 等，2011）；33～35℃的持续高温使产蛋率降低 16.60%～28.82%，蛋重下降 3.7%～9.9%，体重减轻 11.9%。类似地，环境温度由 21℃升至 38℃，来航鸡产蛋率由 79% 下降到 41%，蛋重减轻 20%。相比之下，

21.1～37.7℃和 26.7～35.6℃的循环高温对产蛋率影响不显著，仅降低体重和蛋重。低温同样对产蛋性能不利，我国学者的研究发现，相比 13℃的舍温，每 100 只蛋鸡在 7℃条件下的产蛋数少4 枚。

高温抑制后备鸡生长，延迟性成熟，推迟蛋鸡开产日龄。相比常温（21℃），饲养于 35℃下的青年鸡生长减缓，到 24 周龄仍未开产。以产第一枚蛋作为性成熟的标志，饲养于 35℃下白来航鸡的性成熟日龄为 153d，而饲养在常温（21℃）下则为 140.5d。连产间隔是指鸡连续产 2 个蛋的间隔时间。研究表明，处于高温条件下蛋鸡的连产间隔延长。例如，来航鸡在 32.2℃时的平均连产间隔为 27.7h，而在 21℃下则为 25.6h。Mignon-Grasteau 等（2015）对 131 项研究进行了荟萃分析（meta-analysis），探查了基因型、年龄、群体大小和环境温度变化（慢性热应激）对蛋鸡生产性能的影响，分析表明：随着环境温度升高，蛋壳质量指标如蛋壳比重先增加（在 20～22℃达到峰值）后下降，而死亡率先降低后升高（图 1-10）；随着环境温度升高，有色羽商品蛋鸡产蛋率和产蛋量下降速率显著高于白羽商品蛋鸡和地方鸡种，反映了其对高温具有相对更高的敏感性（图 1-11）；随着环境温度升高和年龄增加，蛋重和日产蛋量下降速率加快（图 1-12），相反，随日龄增加，体重变化对环境温度变化的反应更为敏感，当温度超过 22℃时，70 周龄蛋鸡体重开始下降；温度超过 28℃时，50 周龄蛋鸡体重开始降低；当温度超过 32℃时，30 周龄蛋鸡体重减轻（图 1-13）；在高温下，单笼单饲蛋鸡与群养蛋鸡间产蛋率的差距逐渐缩小（图 1-13）。

高温对产蛋率的影响取决于热应激强度和持续时间，与等热区温度相比，高峰期蛋鸡在 30℃时的产蛋率出现下降，高峰维持时间缩短。受热应激本身和养分摄入量减少的综合影响，蛋重减轻，蛋品质变差。当气温超过 25℃时，蛋重也呈曲线下降，并伴随蛋

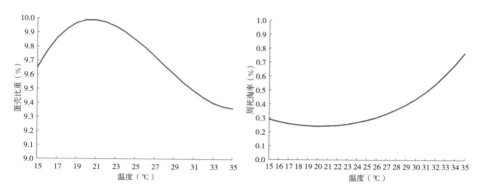

图 1-10　环境温度对商品蛋鸡（白羽，30 周龄，单笼单饲）蛋壳比重（左）和周死
　　　　淘率（右）的影响
（资料来源：Mignon-Grasteau 等，2015）

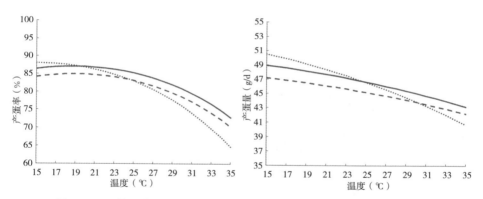

图 1-11　环境温度与基因型对产蛋率（左）和产蛋量（右）的互作效应
—白羽商品蛋鸡，…有色羽商品蛋鸡，---地方鸡种
（资料来源：Mignon-Grasteau 等，2015）

清比例同步减少和蛋黄比例稍后下降。这与蛋白和能量摄入不足有
关，同时也与外周组织血流量增加，卵巢和输卵管养分供应减少，
鸡蛋形成受限有关。

　　4. 对蛋壳质量影响　热应激造成蛋壳质量下降，破蛋率增加。
30～32℃的持续高温使蛋壳厚度降低 2.9%～5.5%，蛋壳重量降
低 7.2%，蛋壳破损率高达 5.3%（Lin 等，2004）。33～35℃的持
续高温使蛋壳厚度降低 7.8%～8.5%，蛋壳重量降低 13.5%～
20.0%，蛋壳破损率高达 13%。相比之下，21.1～37.7℃的循环

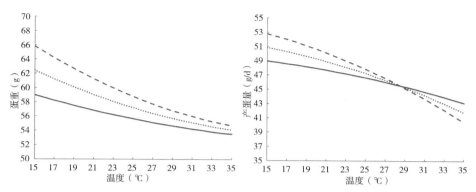

图 1-12　环境温度与年龄对蛋重（左）和产蛋量（右）的互作效应

—30 周龄，…50 周龄，---70 周龄

（资料来源：Mignon-Grasteau 等，2015）

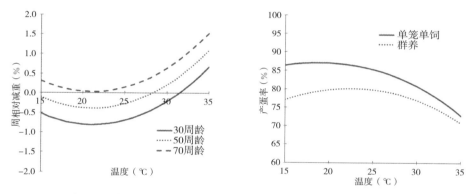

图 1-13　年龄对体重相对减少量影响（左），环境温度与群体大小
对产蛋率互作效应（右）

（资料来源：Mignon-Grasteau 等，2015）

高温使蛋壳厚度降低 15.4%，26.7～35.6℃的循环变温使蛋壳厚度降低 8.5%。蛋壳变薄的主要原因是钙摄入量因采食量降低而下降。

高温下蛋壳质量下降与血钙水平降低有关。与常温 18.3℃相比，在 30.8℃ 和 36.2℃ 高温下，产蛋鸡血清钙水平分别下降 20.5% 和 40.2%。用钙含量为 2.8% 的日粮饲喂蛋鸡，当气温由 21℃ 升至 31℃ 时，血钙水平从 27.2mg/dL 降至 24.6mg/dL，蛋壳厚度从 0.319mm 降至 0.279mm。当用钙含量为 3.5％的日粮饲喂蛋鸡时，在相同温度变化范围内，血钙水平从 29.2mg/dL 降至 24.6mg/dL，蛋壳厚度从 0.320mm 降至 0.281mm（黄昌澎，1989）。

热应激时蛋鸡热喘息导致换气过度，由此导致的血液酸碱失衡是蛋壳质量降低的另一原因（图 1-14）。为散失体热，鸡的呼吸频率加快，易造成换气过度，导致血液 CO_2 浓度降低、pH 升高，出现呼吸性碱中毒。pH 升高造成血液碳酸酐酶活性下降，致使钙离子（Ca^{2+}）和碳酸根离子从血液向蛋壳腺（输卵管子宫部）的转移减少，使蛋壳质量下降。热应激时，饲料添加氯化钾、氯化铵或碳酸氢钠（2～3 kg/t），有助于弥补电解质损耗，提高饮水量和重塑机体酸碱平衡。

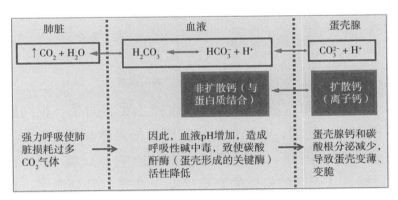

图 1-14　热应激破坏酸碱平衡

二、光环境

家禽繁殖活动受神经内分泌调控，尤其是下丘脑-垂体-性腺（HPG）轴的内分泌调控。光可以被家禽眼睛视网膜、松果体和下丘脑的光感受器感知（图 1-15）。禽类视觉敏感，光照对禽类生长发育和繁殖的影响直接关系到生产效率。蛋鸡的排卵-产蛋循环具有明显的节律性和环境适应性。鸡性成熟后卵巢内含有大量各种级别和各种状态的卵泡。卵泡的成熟、排卵和蛋的形成是多组织、多过程、多层次参与的生理事件，在此过程中，光照等因子与生物钟高度协调，调控神经内分泌、能量摄入和能量代谢，影响蛋鸡的排卵和产蛋机制。

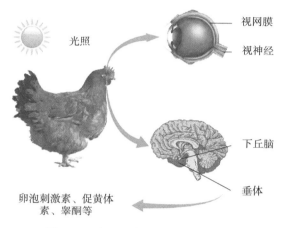

图 1-15　光照对鸡繁殖影响的模式图

1. 光信号感知　家禽感知光的途径主要有两个：视网膜感受器和视网膜外感受器，分别位于视网膜、松果体和下丘脑。①光信号通过颅骨和视网膜，通过调控生物钟影响下丘脑-垂体-肾上腺（HPG）轴，从而调控机体的繁殖活动。在光信号刺激下，位于禽类视交叉上核（SCN）的中枢生物钟作用于下丘脑，使下丘脑定时性释放促性腺激素释放激素（GnRH）和促性腺激素抑制激素（GnIH），GnRH 和 GnIH 继而作用于垂体调节释放促性腺激素——促黄体素（LH）和卵泡刺激素（FSH），卵巢中存在的外周生物钟接受中枢的同步化信号来维持生物节律，促使禽类的卵泡成熟和定时排卵。GnRH 峰的定时性释放普遍存在于各种动物。早期研究发现，切除 SCN 后性腺轴激素失去正常状态时的昼夜节奏性，并且扰乱了正常排卵。②生物钟-松果体合成分泌的褪黑素会直接作用于 GnIH 神经元并调控 GnIH 的生成。GnIH 既可以作用于 GnRH 神经元又可直接作用于脑垂体，从而抑制 FSH 和 LH 峰的生成。松果体作为家禽的光感受器尚存在争议。一般认为，松果体能感受光的信号并做出反应，松果体分泌褪黑素受光照的调控。光照时期，褪黑素分泌减少，光暗期褪黑素分泌增加。③丘脑深层的光感受器能够直接与 GnRH 神经元对话，这是光信号调控生殖轴的另一种方式。光可以透过颅骨，直接到达位于下丘脑的光感受器，从而将外界光信号转化为神经冲动，进而作用于下丘脑-垂体-性腺轴，刺激丘脑深层部位能够引起生殖机能的改变。

2. 光周期对繁殖性能的影响　禽类的繁殖活动对光照非常敏感，成年家雀由 16L∶8D 的光照环境转移到 13L∶11D 后，下丘脑视前区和正中隆起的促性腺激素释放激素（GnRH）神经元与神经纤维增多，表明鸟类下丘脑 GnRH 的表达受光照时间的影响。长光照使鸟类脑内的 GnRH 表达以及外周血中 LH 和 FSH 含量显著下降。光周期也能引起家禽催乳素（PRL）的分泌和浓度改变，随着光照时间的增长，处于繁殖期的家禽 PRL 分泌不断上升。

生物钟参与了光周期对家禽繁殖性能的调控。生物钟接受外界光/暗、食物、温度以及化学因子等环境信号，调整自身节律保持与外界环境的同步，从而适应环境变化。研究发现，在一个昼夜周期中，时钟基因 *Bmal*1、*Clock*、*Per*2、*Per*3、*Cry*2、*Rev-erbβ* 在输卵管漏斗部和子宫部有节律性表达，而在膨大部和峡部则没有（Zhang 等，2016），这表明时钟细胞在母鸡生殖道的定位具有空间特异性，外周时钟基因可能直接作用于鸡的漏斗部和子宫，在这两个部位分别完成蛋黄捕获和蛋壳形成。鸟类排卵是由 LH 激增引起的，卵泡内生物钟基因转录水平的昼夜节律影响排卵周期。Li 等（2014）分离了罗曼母鸡排卵前卵泡的颗粒细胞，研究了 LH 信号级联作用对时钟基因 *Bmal*1、*Clock*、*Cry*1、*Per*2、*Rev-erbβ*，对时钟控制基因 *Star* 以及 *Egr-1* 和 *LHr* 的影响，研究发现颗粒细胞

存在细胞自主节律，LH 上调时钟基因转录水平，比对照组提前4h 达到峰值，且振幅较小，说明 LH 改变了生物钟基因的细胞自主节律和周期；进一步研究发现 LH 的作用是由 cAMP、p38MAPK 和 ERK1/2 通路所介导。上述研究表明，光信号通过调控生物钟影响下丘脑-垂体-性腺轴，从而调控机体的繁殖活动。

3. 光周期对机体代谢的影响　生物钟可以调控机体多种代谢途径，能有效调节整个代谢过程及相关信号以及组织的代谢功能。研究发现，能量代谢活跃的外周组织如肝脏、骨骼肌、脂肪组织中有 5%～10% 的基因呈节律表达，并且具有明显的组织特异性。与能量代谢相关的激素，如胰岛素、脂联素、肾上腺糖皮质激素、瘦素等，能量代谢相关酶的表达和活性，以及与糖脂代谢相关的核受体大多也呈节律表达。能量摄入时间和行为、机体能量代谢和能量状态也可以通过 AMP 激酶（AMPK）、过氧化物酶体增殖物激活受体 α（PPARα）等一些与食欲调控和能量代谢相关的通路和转录因子反过来调控生物钟。

（1）动物采食行为具有节律性　在光信号刺激下，中枢和外周的生物钟基因能够调控食欲调节系统，从而影响能量摄入。自然光照下，鸡采食高峰发生在清晨和黄昏。通过调整光照改变昼夜节律，能够调节鸡的采食量，这表明生物钟基因调控着食欲和采食行为。在每天光照结束前，蛋鸡出现自发性的采食高峰，同时下丘脑抑食基因表达量降低，改变光照时间可以改变采食高峰出现的时间（刘增民，2019）。代谢物和采食行为也可以反过来调控生物钟（Asher 和 Sassone-corsi，2015），其中进食时间可能比食物组分更重要。在蛋鸡育成期增加每日饲喂次数会显著升高血糖水平，降低育成鸡采食量和体增重（刘增民，2019）。

（2）生物钟能够影响卵黄前体物质的合成、转运和沉积　卵黄沉积主要在排卵前 10d 左右进行。鸡每产一枚蛋，肝脏每天需要合成 19g 卵黄前体物质（卵黄靶向极低密度脂蛋白 VLDLy 和卵黄蛋白原 VTG），经血液输送到发育中的卵泡，通过特异性受体介导在卵泡中沉积。卵黄中 65％的固体成分为脂蛋白复合体，其中 12％为蛋白质，88％为脂类。鸡肝脏与脂肪合成密切相关的转录因子胆固醇调节元件结合蛋白及其下游的靶基因，受到光照和生物钟的调控。在与卵泡发育密切相关的脂质稳态调控中，生物钟基因 Clock 和 Bmal1 扮演着重要角色。

（3）鸡蛋蛋壳的形成具有明显的生物节律　蛋壳的主要成分是碳酸钙，蛋鸡可从骨组织中动员 8％～10％的钙用于形成蛋壳，所以钙在骨组织中的动员和在蛋壳腺中的沉积对蛋的形成非常重要。蛋壳形成的最活跃时期常处于光照周期的黑暗阶段。骨代谢的平衡也与生物钟基因的调控和支配有关，成骨细胞具有生物钟基因，其增殖活性表现为明显的昼低夜高的 24h 节律变化，这表明机体钙代谢是受到生物钟调控的。禽类松果体分泌的褪黑素可通过介导降钙素、甲状旁腺素（PTH）及雌激素分泌，节律性地调节体内钙代谢，影响蛋壳的形成。

光照/营养-生物钟-能量代谢之间相互作用，使生物体适应环境的能力增强，能量利用达到最优。因此，通过调整进食时间和食物组分（如饲料能量水平和钙水平），能够改变能量代谢从而调节生物钟的功能。

4. 光色的影响　人类视网膜上存在着对蓝光、绿光和红光敏感的三种视锥细胞，而禽类还具有对 415nm 光线敏感的视锥细胞，因此禽类与人对同一光源的感知可能不同。鸡的视觉优于其他动物，其可见光谱范围比人类（380～760nm）广，能够区分不同的颜色。另外禽类下丘脑内含有视网膜外光受体，对不同波长的光刺激反应不一，禽类下丘脑内光受体对蓝光的敏感性高于红光，而白炽灯所发出光成分的 70.5％为红光。不同单色光导致外周血中 LH 含量和性腺发育之间有差异，因此，单色光对鸡生产性能的影响一直受到人们的关注。

Baxter 等（2014）研究了绿、红、白三种不同波长的光对笼养蛋鸡的繁殖、生长和应激反应的影响，并通过比较失明和正常蛋鸡探讨了视网膜在此过程中的作用，结果发现红光和白光导致雌二醇浓度升高，这表明卵巢的功能更强，开产日龄提前；在红光和白光下饲养的母鸡比在绿光下饲养的母鸡有更长的产蛋高峰期、更高的高峰期产蛋量和更高的产蛋总数。光波长对性成熟前的体增重无显著影响，从 23 周龄开始绿光组的蛋鸡体增重提高，这可能是由产蛋量降低导致。饲养于红光下的蛋鸡在 20 周龄时皮质酮水平较高，但其浓度并未达到应激水平；红光和白光饲养下，失明和正常蛋鸡之间没有明显差异，这表明视网膜没有参与此过程。总之，生殖轴的激活需要红光而不是绿光，此过程似乎不需要通过视网膜。

紫外线照射仅限于种蛋、各类工作间和工作人员进出场等消毒。殷洁鑫等（2017）选用波长 313nm 紫外灯（光强度为 10lx），研究了其对 300～356d 海兰褐蛋鸡产蛋性能及蛋品质的影响，结果表明 UVB313 补光灯可提高蛋鸡产蛋率，每天照射 4 h 能达到较好效果。

三、空气质量

由于家禽饲养密度高，与其他农场动物相比禽舍内空气质量较差。鸡舍内高浓度的悬浮粉尘和有害气体对鸡群的健康和生产性能产生不利影响的同时，臭气和粉尘排入大气后，对周围居民和大气环境也造成危害。

1. 氨气　鸡对氨反应较为敏感，即使鸡舍内氨气浓度较低，长期暴露也会影响到鸡的健康。氨是一种具有碱性和腐蚀性的物质，进入呼吸道后溶于黏膜中的水，以 NH_4^+ 的形式存在，造成呼吸道纤毛功能降低和缺损，呼吸道黏膜表面的黏液变得混浊，导致细菌进入下呼吸道和肺泡，进而引发感染。舍内高浓度的氨明显增加鸡对疾病的敏感性和死亡率。氨对鸡的慢性毒害作用是使食欲下降，造成机体营养不良，生产性能下降。国外学者的研究表明，0～4 周龄肉鸡暴露于 $50mg/m^3$ 和 $75mg/m^3$ 的氨气下，其体重分别下降 6％和 9％。我国学者的研究发现，蛋鸡舍中氨气的含量（X）与蛋鸡产蛋率（Y）呈极显著的负相关关系（$Y=23.40-0.809X$，$R=-0.866$，$P<0.01$），氨气浓度高于 $78.3mg/m^3$ 时，产蛋率下降 43.1％；鸡舍内氨气浓度为 $15.2mg/m^3$ 时可引发鸡结膜炎、角膜炎，氨气浓度为 $25mg/m^3$ 时可导致蛋鸡蛋品质显著下降。研究发现，氨气浓度为 $20mg/m^3$ 并维持 6 周以上，导致鸡肺充血、水肿，采食量和抗病力降低；氨气浓度达到 $50mg/m^3$ 时，鸡出现气囊发炎、喉头水肿、肺出血，产蛋率大幅下降，死淘率升高。Naseem 和 King（2018）综述了不同浓度氨对鸡健康和生产性能影响，涉及呼吸道损伤、眼黏膜损伤、免疫力下降、生产性能下降和肉品质降低等（表 1-11）。

表 1-11　氨气对鸡健康和生产性能的影响

氨气浓度（mg/m^3）	影　　　响	资料来源
19	呼吸系统损伤	Olanrewaju 等（2007）
	轻度眼异常	Miles 等（2006）
	生产性能与免疫机能不良影响	Almuhanna 等（2011）
	屠宰率和胸肉率降低	Yi 等（2016b）
23	免疫抑制，炎症反应	Wu 等（2017）
	应激和免疫力下降	Chen 等（2017）
38	眼部变化，体重降低	Aziz 和 Barnes（2010）
	增重抑制	Miles 等（2004）
39	影响生长性能和免疫反应	Wang 等（2010）
53	生长性能、抗氧化能力和肉品质量降低	Wei 等（2014）

（续）

氨气浓度 （mg/m³）	影 响	资料来源
57	体重降低	Aziz 和 Barnes（2010）
	体重降低，死亡率增加	Miles 等（2004）
59	采食量下降，体重降低	Charles 和 Payne（1996）
76	生长速度的不良影响	Charles 和 Payne（1966）
	产蛋率、蛋重、产蛋量、采食量和增重下降	Amer 等（2004）
152	产蛋量、体重和耗料量降低	Deaton 等（1982）
	耗料量和生长速度降低，影响产蛋量和死淘率	Deaton 等（1984）
15，38	感染率提高	Anderson 等（1964）
19，34	影响行为（觅食、休息、梳羽）	Kristensen 等（2000）
19，38	饲料转化率和体重降低，法氏囊、肺和肺泡增大	Kling 和 Quarles（1974）
	饲料转化率和体重降低，气囊炎加重、需氧菌数量增加	Quarles 和 Kling（1974）
	体重降低	Reece 等（1981）
	饲料转化率降低	Caveny 等（1981）
23，46	降低生产性能，增加疾病易感性	Beker 等（2004）
38，57	眼虹膜异常、淋巴细胞和异嗜细胞增多	Miles 等（2006）
46～53	刺激黏膜，引起眼部溃疡、气管炎、呼吸道疾病	Valentine（1964）
19，38，57	体重降低	Miles 等（2002）
38，76，152	对饲料转化率、增重和死亡率的不良影响	Reece 等（1980）
高浓度	通过氧化应激加重慢性肝损伤	Zhang 等（2015）
	对生长速度的不良影响	Maliselo 和 Nkonde（2015）
	影响肌肉脂肪含量、肉品质和风味	Yi 等（2016a）
	影响生产性能，引起呼吸道损伤、角膜结膜炎	David 等（2015）
	抑制免疫反应	Wei 等（2015）
非常高	蛋白液化	Benton 和 Brake（2000）
无明确值	哈氏单位降低	Cotterill 和 Nordsog（1954）
	引起角膜结膜炎	Bullis 等（1950）
	刺激眼黏膜和呼吸系统，增加对呼吸道疾病的敏感性，影响采食量、饲料转化率和生长速度	Kristensen 和 Wathes（2000）
	体重降低	Olanrewaju 等（2008）

（续）

氢气浓度 （mg/m³）	影　响	资料来源
	腿部或脚部灼伤	Pratt 等（1998） Beker 等（2004） Weaver 和 Meijerhof（1991） Haslam 等（2006）

2. 硫化氢　硫化氢对畜禽多种组织和器官有毒害作用，包括神经系统、呼吸系统、心血管系统和消化系统等，特别是对呼吸道和免疫系统影响较大，损害动物机体免疫功能。急性高浓度的硫化氢暴露可引起眼结膜损伤、肺炎、惊厥，甚至死亡。长时间暴露于低浓度硫化氢环境中也会对人类健康造成损害，引起恶心、头疼及呼吸道症状。硫化氢还能与亚铁血红素上的细胞色素 α3 结合，抑制细胞色素 C 氧化酶的活性，导致细胞 ATP 耗竭和能量衰竭，造成组织缺氧。Chi 等（2018）研究认为，硫化氢通过 NF-κB 信号通路激活机体的炎性反应，而且下调了能量代谢相关基因，进而导致机体能量代谢紊乱。Hu 等（2019）研究指出，硫化氢暴露引起肉鸡胸腺指数、免疫球蛋白及 T 淋巴细胞数量下降，通过 TLR-7/MyD88/NF-κB 通路，激活 NLRP3（NOD-like receptor family pyrin domain containing 3）炎性小体，促进炎症反应，进而导致肉鸡胸腺组织损伤，影响其免疫功能。Chen 等（2019）研究表明，高浓度硫化氢（0～3 周龄：3.5～4.5mg/m³；4～6 周龄：19.5～20.5mg/m³）导致肉鸡呼吸道炎性损伤，呼吸道上皮纤毛数量和黏液量减少，硫化氢诱导的氧化应激通过 Fos/IL8 信号通路导致了气管炎性损伤。

长期暴露于低浓度硫化氢环境，降低家禽生产性能。长期低浓度硫化氢环境下，鸡的生长速度下降，而且发病率升高。鸡舍内硫化氢浓度大于 6.6mg/m³ 时，造成鸡咽部不适，易流泪，发生气管炎、鼻炎、肺水肿等。由于硫化氢比重较空气大，对笼养鸡舍底层

影响更为严重。

3. 粉尘、微粒和微生物 鸡舍空气环境中含有饲料、垫料、体屑（毛发）、排泄物等粒子，这些粒子混合在一起，形成舍内粉尘和微粒（particulate matter，PM）。鸡舍内微粒对动物和饲养人员的不利作用取决于微粒的成分及其所携带微生物和有害物质的类型、数量，其影响途径主要有三种：①微粒被吸入后刺激呼吸系统而减弱呼吸系统对微粒的免疫功能；②微粒所携带的化学物质刺激呼吸系统；③微粒携带的病原体或微生物对机体造成损害。

与普通大气中的微粒相比，舍内微粒含有高达90%以上的有机物，这些有机微粒会携带大量的细菌、真菌、内毒素等物质，也是氨气、硫化氢等有害气体的载体。有研究表明，鸡舍内空气中微粒上附着的细菌和真菌数量范围为 $10^4 \sim 10^7$ CFU/g（Rimac 等，2010），这其中也包含具有潜在危害性的微生物，如沙门氏菌、烟曲霉、衣原体、葡萄球菌、链球菌、炭疽杆菌及 H5N1 病毒等。此外，微粒中还可能携带有一些生物毒素类物质，包括细菌内毒素、真菌毒素和葡聚糖、挥发性气体等（Zhao 等，2014）。这些物质对动物及饲养人员的健康都会构成威胁，引起咳嗽、支气管和气管炎、呼吸道过敏等症状，甚至引起传染病的传播和流行。

空气中的微粒依据其直径大小可分为总悬浮颗粒物（TSP，$\leqslant 100 \mu m$）、可吸入微粒（PM10，$\leqslant 10 \mu m$）和细小微粒（PM2.5，$\leqslant 2.5 \mu m$）。通常，直径大于 $10 \mu m$ 的微粒主要沉降在动物鼻腔，$5 \sim 10 \mu m$ 的微粒主要沉积在上呼吸道，而小于 $5 \mu m$ 的微粒可以进入下呼吸道和肺部。研究认为，$7 \mu m$ 以下的微粒可被鸡吸入体内，损伤鸡的呼吸系统，甚至形成大面积的积尘区，再加上饲养密度大、舍内环境不良等多种因素，极易引发鸡群疾病，其中以呼吸道病为主，粉尘浓度高的区域发病率最高可达

60%。国外学者研究指出，舍内 PM10 浓度的升高，直接导致动物及饲养人员患慢性支气管炎、哮喘、肺炎、肺癌及心血管疾病的风险增加。与粒径大于 $2.5\mu m$ 的微粒相比，PM 2.5 有更大的比表面积，可能黏附更多的有害物质，并且在空气中悬浮更长时间，而且 PM2.5 可轻易通过上呼吸道进入并沉积在肺泡中，进而损伤肺脏的结构和功能。Dai 等（2019）研究了来源于蛋鸡舍的 PM2.5 对人肺癌上皮细胞炎性反应的影响，结果表明 PM2.5 通过上调 NF-κB p6 和 pp65 的表达导致了细胞自噬和炎性反应加强。

四、群体环境

1. 育成期饲养密度 对于笼养蛋鸡，有关群体环境尤其是适宜饲养密度的研究主要集中在育成期。有研究认为，当笼底占有面积为 $331\sim511cm^2$ 时，饲养密度对育成鸡的体重无影响。但是，也有研究表明，当可用空间不足 $360cm^2$/只时，育成鸡体重减轻，死亡率增加。王龙（2016b）研究报道，育成期高饲养密度（$380cm^2$/只）降低 20 周龄海兰灰蛋鸡体重、卵巢重和脾脏重，增加育成期死淘率。饲养密度影响肠道菌群结构（于江明等，2016），当每只鸡的可用空间低于 $450cm^2$ 时，笼养蛋鸡十二指肠中有益菌减少。0～3 周龄、4～6 周龄、7～10 周龄时，与各周龄相对应的低密度（$500cm^2$/只、$1\,000cm^2$/只、$1\,429cm^2$/只），以及中密度（$167cm^2$/只、$333cm^2$/只、$500cm^2$/只）饲养相比，高密度（$56cm^2$/只、$111cm^2$/只、$167cm^2$/只）饲养显著增加了育成鸡的焦虑行为和血液中的皮质酮水平（Eugen 等，2019）。

蛋鸡育成期饲养密度对产蛋期影响的研究相对较少。Eugen 等（2019）综述了育成期饲养密度对产蛋期生产性能的长期效应，育成期饲养密度高会导致产蛋期啄癖，采食量和产蛋性能下降（表 1-12）。

表1-12 育成期饲养密度对产蛋鸡的影响

密度 (cm²/只)	BW	FI	U	FA	M	PC	H:L	行为	产蛋性能	资料来源
192/221	0~16↓ 16+↑	ND	ND	—	ND	ND	—	—	—	Anderson 和 Adams (1992)
(0~4) 294.1/476.2 (5~6) 416.7/555.6 (7~17) 952.4/1010.1	—	—	—	—	—	—	—	啄羽↑	—	Bestman 等 (2009)
625/1250/3703.7	—	—	—	—	—	ND	—	啄地↓啄羽↑	—	Blokhuis 和 van der Harr (1989)
(0~4) 105.9/134.8/185.3 (4~16) 211.8/274.5/370.6	→	→	↑	—	—	—	↑	—	—	Bozkurt 等 (2008)
(0~4) 105.9/134.8/185.3 (4~16) 211.8/274.5/370.6	→	→	—	—	ND	—	—	—	—	Bozkurt 等 (2006)
239/259/311 222/259/311	—	—	—	—	—	—	—	—	蛋重↑ 产蛋量↓	Carey (1986)
769.2/1538.5	ND	ND	—	—	ND	→	—	啄地↓啄羽↑	ND	Hansen 和 Braastad (1994)
344/516/1031	—	—	—	—	—	—	—	—	蛋壳质量↓ 产蛋率↓	Hester 和 Wilson (1986)
(0~2) >285.7/<285.7 (3~16) >1000/<1000	—	—	—	—	—	—	—	啄羽↑	—	Huber-Eicher 和 Audige (1999)

（续）

密度（cm²/只）	BW	FI	U	FA	M	PC	H：L	行为	产蛋性能	资料来源
（0~5）194.6/285.2 （6~16）387.1/775 （16+）690	—	—	—	—	—	—	—	活动↓	—	Hunniford
293/586	ND	↓	—	—	—	—	—	—	蛋重↑ 产蛋数↓	Leeson 和 Summer（1984）
357.1/416.7/500	↓	—	—	↑	—	—	—	紧张、强直	—	Moller 等（1995）
（0~6）97.8/116.1/142.9/185.8 （6~16）195.6/232.3/285.9/371.6	—	（0~2）↓ （2+）↑	ND	—	ND	—	—	—	—	Patterson 和 Siegel（1997）
（0~6）210.5/228.6/250/275.9 （6~16）357.1/416.7/500 （16+）375/450/562.2	ND	ND	ND	—	—	—	—	—	ND	Pavan 等（2005）
700/930/1 390/1 860	ND	ND	ND	—	ND	↓	—	—	ND	Wells（1972）
436.7/552.5	—	—	—	—	—	—	—	啄羽↑	—	Zepp 等（2018）

注：BW，体重；FA，波动不对称性；FI，采食量；H：L，异嗜白细胞/淋巴细胞比率；M，死亡率；PC，羽毛状态；U，形体一致性；↑、↓、ND，一，分别指随饲养密度增加所测定指标升高、降低、无显著影响，未测定。

2. 产蛋期饲养密度 对产蛋鸡的研究表明，饲养密度为 5～7 只/笼即 307～430cm²/只时，随着空间占有量变小，成年白来航蛋鸡的采食活动减少，产蛋性能下降，血浆皮质酮水平升高。当蛋鸡占有的笼底面积由 450cm²/只降为 300cm²/只时，血液皮质酮含量增加 11％。我国学者的研究发现，在空间供给量为 375～750cm²/只范围内，高饲养密度降低星杂 579 蛋鸡前期产蛋率。在饲养密度为 2～4 只/笼即 550～1 100cm²/只范围内，随着空间占有量变大，产蛋率和蛋重增加，料蛋比和死亡率降低；在半干旱地区，海兰褐蛋鸡的适宜饲养密度为 733cm²/只。

五、应激

应激是动物处于或暴露于逆境时引起的机体非特异性生理反应。这些生理反应帮助机体达到新的平衡状态和内部的稳态。Selye（1937）首先观察到生物个体对一系列有害刺激（包括温度异常、电离辐射、精神刺激、过度疲劳、中毒等）的定型反应，这种定型反应并未因刺激原的不同而改变，被称为"全身适应综合征"，可人为划分为三个阶段：警戒阶段、抵抗或适应阶段和衰竭阶段，动物在应激过程中产生适应或者不能适应而死亡。应激反应涉及神经系统、内分泌系统及免疫系统的一系列活动，其中肾上腺皮质激素在机体适应过程中起着主导作用。实现这一过程的主要生物学途径见图 1-16。家禽在应激激发的非特异性反应中涉及神经内分泌功能的调整，包括性腺激素轴、甲状腺激素轴、生长激素轴等，因此应激激发时会影响到蛋鸡各方面的生理功能，包括生长、繁殖和免疫功能。神经内分泌功能调整的核心是改变机体的能量代谢与利用，将用于生长、繁殖等用途的能量用于生存（Wang 等，2017）。

环境因子对蛋鸡的影响包括特异性反应和非特异性反应（应激反应），两者可以同时出现。例如，热应激时蛋鸡表现出散热调节反应，包括热喘息、展翼、趴卧、采食量下降等；同时内分泌功能也发生改变，如循环中皮质酮水平升高、甲状腺素水平下降等，共同导致热应激生理反应。因此，在生产中所观测到的蛋鸡应激反应实际是其特异性和非特异性反应的综合体现。

图 1-16　下丘脑-垂体-肾上腺反应轴模式图

六、饲养环境评价

饲养环境对蛋鸡影响的评价主要涉及生产性能、行为、生理与代谢状态、福利状态四个方面。

1. 生产性能评价　环境因子对家禽最直接的影响是生产性能的变化，如采食量增加或降低、生长速度下降、产蛋性能降低和饲料转换效率下降等。利用生产性能指标对环境因子效应进行评价最为客观。

2. 行为评价　蛋鸡的主要行为包括采食、饮水、休息、排泄、交配、探究、游戏、梳理与修饰、行走、趴卧、站立、争斗等，也包括在人为饲养环境中形成的异常行为（如啄癖等）。通过对蛋鸡行为频次的分析，可以获得鸡的行为模式，确定鸡的行为是否正常。

3. 生理与代谢状态评价　环境因子变化影响机体的各个方面，包括呼吸及血气、血液固有组分与代谢产物、采食与养分消化吸收、水盐代谢与离子平衡、能量代谢与脂肪沉积、蛋白质与氨基酸代谢、肌肉发育、矿物元素代谢与骨骼等方面。通过对家禽生理与代谢状态的分析，确定鸡的生理状态是否正常。

4. 福利状态评价 对蛋鸡福利状态的评价一般包括对饲喂条件、饲养设施、健康状态和行为表达四个方面的评价。良好的福利状态呈现以下特点：①饲料与饮水充足，无营养缺乏；②栖息舒适、温度适宜、活动良好；③身体健康、无病害；④有正常的行为模式。

（1）饲喂条件 蛋鸡饲喂条件评估包括饲料和饮水供应是否充分、及时两个方面，可通过每只鸡占有的食槽和水线长度（或饮水器数量）进行估测。

（2）饲养设施 蛋鸡饲养设施评估包括栖息状态（有无栖架、栖架类型与有效长度、红螨感染率等）、冷热状态（有无热喘息、寒战及其频率等）和运动状态（饲养密度和活动空间）三个方面。

（3）健康状态 健康状态是蛋鸡福利水平的重要体现。一般需要从以下三个方面进行评价：体表状态、疾病状态和人为伤害。体表状态包括龙骨畸形、皮肤损伤、脚垫皮炎和脚趾损伤等。疾病状态可以从以下八个方面进行评价：死亡率、淘汰率、嗉囊肿大、眼病、呼吸道感染、肠炎、寄生虫、鸡冠异常等。人为伤害主要是根据蛋鸡断喙情况进行评价，包括是否断喙、断喙方式、断喙质量以及断喙后对蛋鸡采食的影响。

（4）行为模式 恰当的行为模式是蛋鸡福利状态评价的重要内容之一，异常行为的出现意味着饲养过程中存在着限制正常行为表达的因素。蛋鸡行为模式评价包括社会行为的表达，如打斗行为、羽毛损伤和冠部啄伤；其他行为的表达包括产蛋箱使用、垫料使用、环境丰富度等；人类-蛋鸡关系主要是通过蛋鸡对人的回避距离进行评价；精神状态评价主要是对新奇物体的认知评价和定性行为的评价，定性行为包括活泼、平静、友好、放松、满足、积极占位、无助、紧张、害怕、舒适、好奇、瞌睡、恐惧、迷茫、嬉戏、不安、精力充沛、神经质、自信、沮丧、忧伤、愁闷、无聊等方面。

第二章
蛋鸡饲养环境参数

　　鸡舍环境控制是制约我国家禽健康养殖的关键环节之一，确定蛋鸡饲养的适宜环境参数是控制优化鸡舍环境的关键。鸡舍的环境因素包括鸡舍内的温度、湿度、有害气体、粉尘、风速、光照强度、饲养密度等。目前，规模化养鸡环境控制的目标大多是从提高鸡群生产性能的角度，基于小气候环境条件与鸡群健康生产的相互关系来设定较适宜的环境参数。例如，鸡舍的温度控制主要寻求鸡体代谢的等热区或避免热应激的范围，并以此来设计、运行通风、降温与供暖系统等。鸡舍的光照控制更是以保持鸡群的高产为目标进行配置和管理，有害气体及湿度控制等也是以不影响鸡的生产性能为前提来制定标准。这种环境控制目标可使鸡群保持高产性能，降低饲料消耗，达到较高产出。当前，动物福利理念日渐深入，人们对食品安全关注与日俱增，与此同时蛋鸡饲养周期日趋延长，饲养100周龄、生产500枚蛋的目标对蛋鸡育种、营养与饲养管理提出了更高的要求，鸡舍的环境管理日益重要，提出合理的鸡舍环境参数对于指导蛋鸡健康、高效、安全生产具有重要意义。

第一节　蛋鸡饲养环境参数研究进展

一、热环境

（一）温度

1. 青年鸡　早在 20 世纪 60 年代，国外学者就在不同环境温度（20℃和 33℃）下比较了 6～21 周龄青年蛋鸡的生产性能。相比饲养在 20℃条件下的蛋鸡，处于 33℃环境中的蛋鸡在 21 周龄时体重轻 118 g，在整个产蛋期蛋重一直偏低。宋雪蕾（2018）研究了 5 种不同的环境温度处理（每天 10：00—18：00 分别为 22℃、24℃、26℃、28℃和 30℃，其余时间全都恒定为 22℃）对 10～20 周龄青年蛋鸡性成熟和体成熟的影响，结果发现，头部皮温（体表温度）和腹腔温度（体核温度）随环境温度增加而发生变化的拐点分别是 24℃和 26℃，提示青年鸡热中性区（等热区）上限在 25℃左右。处理 4 周后，当环境温度大于 26℃时，青年鸡采食量下降，体重减轻；当温度超过 28℃时，骨盆变窄，胫骨缩短，腹脂沉积增加。处理 6 周后，28℃和 30℃热环境（轻中度热应激）抑制卵巢和输卵管发育，降低下丘脑 GnRH，垂体 FSH、LH，卵巢 FSHR、LHR 的基因表达；30℃高温增加腹脂 ADPN、下丘脑 ADPR1 和 ADPR2 的 mRNA 表达，下调肝脏 IGF-1、下丘脑 IGF-1R 丰度。由此表明，青年鸡可以通过自主性体温调节，适应 22～26℃的间歇温度处理；长期处于 26～30℃的周期性热环境中，体成熟和性成熟延缓。

2. 产蛋鸡　业界对蛋鸡适宜温度范围的认识较早，在 18～26℃内，成年家禽能够维持自身产热和散热平衡。但是关于产蛋鸡的适宜温度范围有不同的报道，有研究表明产蛋鸡的等热区间为 13～25℃，也有研究表明产蛋鸡的适宜饲养温度为 16～25℃。

Marsden 和 Morris（1987）综述前人研究认为，产蛋鸡的最适环境温度为 21℃。Chang 等（2018）在不同湿度条件下监测了环境温度对 34 周龄京红蛋鸡体表温度和体核温度的影响（图 2-1），发现当相对湿度分别为 35％、50％和 85％时，体表温度随环境温度增加而发生变化的拐点分别是 24.11℃、23.89℃和 21.93℃，体核温度随环境温度增加而发生变化的拐点分别是 25.20℃、25.46℃和 24.45℃（图 2-2）。由此表明，以 50％相对湿度计，产蛋鸡热中性区的上限温度为 23.89～25.46℃。

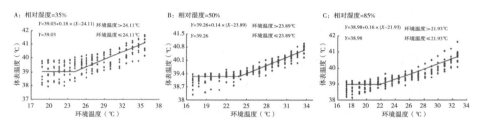

图 2-1　在不同湿度条件下环境温度对京红蛋鸡（34 周龄）体表温度的影响

（资料来源：Chang 等，2018）

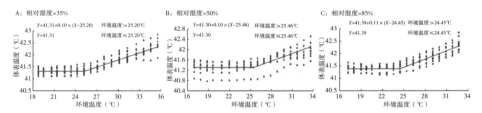

图 2-2　在不同湿度条件下环境温度对京红蛋鸡（34 周龄）体核温度的影响

（资料来源：Chang 等，2018）

（二）湿度

蛋鸡生产中，育雏舍高温环境下相对湿度低会导致鸡呼吸道黏膜干裂，诱发呼吸道疾病等。相反，空气过度湿润的话，会造成垫料潮湿、排泄物水分高，使氨气浓度升高，空气质量变差，引发肠道疾病和呼吸道疾病。国外学者早期研究发现，在环境温度为

29.4℃条件下，白来航蛋鸡皮温随着相对湿度增加（28%、40%和72%）而增加。Chang 等（2018）研究报道，随着相对湿度增加（35%、50%和85%），34 周龄京红蛋鸡体表温度随环境温度增加而发生变化的拐点温度降低（分别为 24.11℃、23.89℃和21.93℃），表明高湿抑制呼吸道或皮肤蒸发散热。有研究表明，在40%～70%范围内，相对湿度对 8～10 月龄和 16～18 月龄蛋鸡生产性能及蛋品质影响甚微。宋雪蕾（2018）探析了冬季不同温湿度对 36～45 周龄产蛋鸡生产性能及黏膜免疫功能的影响，发现环境温度显著影响头部皮温和腹腔温度，而高湿仅在低温条件下使体表温度和体核温度进一步下降；虽然干温和湿温环境都能提高产蛋量，降低料蛋比，但前者上调肺脏、输卵管 TNF-α、IL-6 的基因表达，降低黏蛋白 MUC2、MUC5AC 和分泌型免疫球蛋白 A（sIgA）的 mRNA 丰度。湿冷环境诱导炎性反应，对生产性能和黏膜免疫功能都不利。因此，相对湿度的适宜范围为 40%～60%。

（三）通风

通风是改善舍内环境的重要技术手段。风速的影响与环境温度有关，增加风速可提高蛋鸡对环境高温的适应性。Ruzal 等（2011）研究发现，在 35℃条件下，相比 0.2m/s 的风速，2.0m/s 的风速显著增加蛋鸡采食量；相比 0.5m/s 的风速，3.0m/s 的风速显著提高产蛋量和蛋品质。增加风速提高了鸡的散热量。国外学者通过监测风速对 15 周龄白来航蛋鸡可感散热量的影响，发现在30℃高温下，当风速由 0.2m/s 增加至 1.2m/s 时，可感散热量从7.6W/m² 升高到 12.6W/m²。对成年来航蛋鸡在不同温度（35℃、38℃、41℃）和风速（0.25m/s、1.0m/s、2.0m/s）组合下散热量影响研究发现，35℃高温下增加风速能使更多热量以对流方式散失。为保证舍内良好的温热、空气质量环境等，美国规模化鸡场对于不同气候区的蛋鸡舍，推荐的通风量（按每千克体重）分别为 0.4m³/（h·kg）（寒冷气候区）、1.9m³/（h·kg）（温和气候区）和 3.7～5.6m³/（h·kg）（炎热气候区）。美国海兰国际公司的建议通风量如表 2-1 所示。

表 2-1　每 1 000 只海兰商品蛋鸡建议通风量

环境温度（℃）	通风换气量（m³/h）											
	1 周龄		3 周龄		6 周龄		12 周龄		18 周龄		19 周龄以上	
	W-36	HLB	W-36	HLB	W-36	HLB	W-36	HLB	W-36	HLB	W-36	HLB
32	340	360	510	540	1 020	1 250	2 550	3 000	5 950	7 140	4 650～9 350	9 340～12 000
21	170	180	255	270	510	630	1 275	1 500	2 550	3 050	4 250～5 100	5 100～6 800
10	120	130	170	180	340	420	680	800	1 870	2 240	2 550～3 400	3 060～4 250
0	70	75	130	136	230	289	465	540	1 260	1 500	850～1 300	1 020～1 700
−12	70	75	100	110	170	210	340		500	600	600～850	700～1 050
−23	70	75	100	110	170	210	340	400	500	600	600～680	700～850

注：W-36，海兰白；HLB，海兰褐。

资料来源：Hy-Line International Management Guides。

二、光环境

光信号以周期变化、光照强度和光波长等属性被动物的光感受器所感知，并转变为生物学信号，调节动物生理和行为。禽类在自然日照长度和强度逐渐延长的时期开始繁殖活动。在现代生产中，光照调节蛋鸡生长发育、生产和繁殖已成为一种提高生产效率的重要方法。

（一）光周期

光周期在调控鸟类性成熟和繁殖性能方面具有重要作用。光照节律是光照管理中重要的调控环节。蛋鸡生产周期长，不同生长阶段生理特点差异较大，在不同生长阶段应采用不同的光周期。

1. 育成期　鸡在育成阶段，生长迅速、发育旺盛，育成鸡发育情况将间接影响产蛋期繁殖性能。由于鸡 12 周龄后性腺发育很快，并对光照时间长短反应敏感，如不限制光照，会引起性早熟等情况。育成期 17L：7D 光照组的开产日龄比 11L：13D 光照组早 5.7d，但过长或过短光照时长都会一定程度限制卵巢发育。官家家（2018）比较了光照时间慢减（从 10 周开始从 14h 每周递减1h直至 8h）、快减（从 10 周开始从 14h 每周递减 2h 直至 8h）和8h恒定光照对伊莎褐蛋鸡的影响，发现育成期不同减光方式影响了育成期蛋鸡的生长发育、开产以及产蛋高峰期的产蛋性能，育成期每周递减 1h 光照能够加快蛋鸡进入产蛋高峰期，而育成期恒定 8h 光照虽然推迟了蛋鸡进入产蛋高峰期的时间，但同时延长了产蛋高峰期的持续时间，且节约了能源。国外学者研究了恒定和变化光周期对伊莎褐蛋鸡 LH、FSH 以及开产日龄的影响，光周期变化处理组在 35 日龄或 56 日龄时光照从 8h 延长为 14h（延长光照组）或从 14h 缩短为 8h（减光组），而恒定组从 1d 起光照恒定为 8h 或 14h，结果发现 8h 恒定光照组比 14h 恒定光照组开产推迟了 18.3d；35 日龄延长光照组与恒定 14h 光照组的开产日龄接近；与恒定光照组相比，减光组导致开产日龄延迟了约 2 周。

光照时间长短影响育成鸡采食，国外学者开展了短光照和限饲对罗曼褐蛋鸡和海兰褐蛋鸡性成熟和产蛋性能影响的研究，自 2 日龄起光照时间为 8L：16D，然后分别在 115、122、129、136、143 和 171 日龄将光周期改为 16L：8D，结果发现短光照和限饲的停止时间均会影响蛋鸡的性成熟，且两种处理因素存在交互效应；短光照和限饲处理会导致限饲结束后一周内采食量增加，蛋鸡处于短光照的时间越长，采食量增加的幅度越小。在黄羽肉种鸡上的研究也发现，育成期采取恒定 8h 光照，产蛋后期 GnRH-Ⅰ、FSH-β 和 LH-β，以及 LH 和 FSH 等激素的水平均高于 10h 或 12h 光照，且恒定 8h 光照鸡产蛋高峰维持时间更长（Han 等，2017）。蛋鸡育成期保持 6h 或 8h 恒定光照，可使开产后产蛋率上升更快。

综上所述，育成期光照时长低于 6h 或高于 10h 均会影响鸡的产蛋潜力，育成期恒定短光照是保证鸡对光照刺激具有良好反应能力的基础，应保证育成鸡维持 8～9h 光照以保证体况和体重在性成熟时达标，提高繁殖潜力。

2. 产蛋期　产蛋期蛋鸡光照周期是提高鸡繁殖性能的关键控制点之一。一般认为，长光照环境下的蛋鸡外周血 LH 和 FSH 要高于短光照组。将蛋鸡从 8L∶16D 的光照转变为 10.5L∶13.5D 或 12.75L∶11.25D 的光照，血浆 LH 均会成比例增加。对 Cobb 种鸡产蛋期光照时长与 LH 响应曲线的研究发现，在 20 周龄时给予 9.5h 的光照刺激，LH 水平开始上升；每天 11.5h 光照时长的 LH 水平上升速度最快，13h 时曲线趋于平稳。但是，这一结果也有不同报道，有研究发现光照刺激不会影响血浆 LH 的变化；海兰褐蛋鸡的激素分泌与光照时长无正相关关系，在产蛋高峰期 11L∶13D 光照组 FSH 和 LH 峰值含量最高。

适宜的光照时间更有利于蛋鸡产蛋性能的维持。海兰褐鸡产蛋期 17L∶7D 光照组的产蛋率最高。不适宜的光照将会增加鸡蛋的破损率，产蛋所需光照时间为 12～16h。王飞等（2010）比较了 11L∶13D、13L∶11D、15L∶9D、17L∶7D 四种光照制度下海兰褐蛋鸡的产蛋时间、连产天数和产蛋率，发现较短光照时间鸡舍产蛋更集中，并且一天中产蛋高峰时间来得较早，而 17L∶7D 组光照周期节律变化与蛋鸡自身排卵周期变化同期化程度较低，连产天数较短，11L∶13D 组光照周期节律变化与蛋鸡自身排卵周期变化同期化程度较高，连产天数较长。因此，产蛋鸡高峰期适宜的光照时间为 16h 左右。

产蛋后期，产蛋母鸡对钙有特殊需要，夜间补充光照有利于鸡群在形成蛋壳期间摄取饲料中的钙，提高蛋壳质量。鸡蛋蛋壳形成的最活跃时期常与光照周期的黑暗阶段相吻合，在此阶段蛋鸡消化系统无法为形成蛋壳提供充足的钙，通常需要依赖骨骼沉积钙的释放。"14h+1h"光照是将蛋鸡白天的光照设为14h，在夜间再补加1h光照以促使鸡群在夜间补食。龙红芡等（2013）对比了传统16h光照和"14h+1h"光照对蛋鸡生产性能的影响，发现"14h+1h"光照提高蛋鸡的产蛋率和采食量，对破蛋率和产蛋规律没有显著影响，且能提高蛋鸡的蛋重和蛋壳强度及达到节能的效果。但郑红松等（2016）发现，将60～69周龄的海兰褐蛋鸡光照程序由16h调整为"14h+1h"后，蛋鸡的体重、蛋重、蛋壳厚度和蛋壳重降低；"14h+1h"光照程序不会降低蛋鸡的采食量，对产蛋率无影响。山东农业大学对产蛋后期伊莎褐蛋鸡（83周龄）的研究发现，光照时间由16h逐步缩短到10h并没有影响生产性能，且10L：14D组的蛋壳厚度显著优于16L：8D组，这表明产蛋后期适当缩减光照时间是可行的（巩翔，2019）。在产蛋后期为提高蛋壳质量，可适当延长黑暗时间，适宜的光照周期为14L：10D。

国内外许多学者对间歇光照制度在蛋鸡生产中的应用进行了研究。例如，国内学者在夏季开展了10L：5D：2L：7D的间歇光照制度试验，发现夏季鸡舍温度达到25℃以上时，采用间歇光照能够提高产蛋率5%～10%，增加蛋重，改善蛋壳质量，节约25%的光照电能消耗。国外学者对2L：4D：8L：10D间歇光照制度进行研究，发现间歇光照对生产性能无不良影响，并可节省42%的电能。王飞（2010）针对产蛋初期蛋鸡研究了2L：4D：8L：10D与8L：4D：2L：10D的光照制度，发现间歇光照对产蛋率无显著影响，但可以改善蛋鸡体重，有利于蛋鸡生产。李国铭和李保明（2015）的研究发现，相较于生产常用的16h连续光照制度，9L：4D：3L：8D的间歇光照制度对产蛋后期蛋鸡产蛋率和采食量无显著影响，但能够节省25%的能源，提升经济效益。上述研究表明，间歇光照制度对蛋鸡的产蛋率无负面影响，并可以减少能源消耗。

在蛋鸡生产中，通常采用24h光照制度，即一昼夜光照与黑暗各占一定时数所形成的明暗周期。长于或短于24h的光照制度，称为非自然光照节律。研究最多的是 27h 或 28h 光照制度。鸡的排卵-产蛋周期为 25～27h。在一个连产序列中，产蛋时间会逐步后移，因为产蛋时间上的严格偏好，当产蛋时间后移至下午时，就会造成连产的中断，在一天或者数天的间歇后再开始一个新的产蛋序列（Moore 等，2002）。建立非自然光照节律，可以使蛋鸡的繁殖节律与光照节律同步，更接近蛋的形成时间。蛋在输卵管内的停留时间延长会提高蛋重，减少破损蛋和畸形蛋的发生率，国外学者研究表明，27h 和 24h 两种光照节律及其对应的间歇光照制度对种鸡性成熟、产蛋数和饲料转化率没有影响，但 27h 光照节律时形成的蛋偏大。但是也有研究发现，蛋鸡采用 26h 光照节律的产蛋率比 24h 光照节律低，但能增加蛋重。采用 28h 光照节律后，Shaver Starbro 种鸡在产蛋前期（30 周龄）产蛋间隔时间更长，蛋重更大，蛋壳重量显著增加；24h 光照制度能够增加卵巢和输卵管重量，产生更多的大卵泡；两种光照节律在产蛋数方面没有差异。此外，也有研究发现，自然与非自然光照节律对 Warren 鸡的蛋重无显著影响。种鸡产蛋后期（47 周）采用 28h 光照节律虽然能增加蛋重，但产蛋量下降快，合格蛋降低，蛋壳质量下降。巩翔（2019）在海兰褐产蛋后期的研究发现，相比 16L∶8D 的传统光照，13L∶15D 的 28h 光照节律使产蛋率下降，但蛋壳质量提高，蛋重增加。

综上所述，应保证育成鸡维持 8～9h 的光照时长以保证体况和体重在性成熟时达标，提高繁殖潜力。蛋鸡产蛋期的适宜光照周期为：高峰期适宜的光照时间为 16h，产蛋后期适宜的光照周期为 14L∶10D，或采用 14h+1h，改善蛋壳质量；产蛋期 24h 内黑暗时间应不少于 8h。

（二）光照波长

不同单色光能够影响蛋鸡产蛋性能，选择适宜波长的光有利于

蛋鸡生产。一般认为在育成期，短波长的光（蓝、绿光）可促进雌性雏鸡性腺的成熟。国外学者研究发现，红光可增加蛋鸡的产蛋数，而蓝光和绿光对蛋重的影响优于红光。我国学者报道，蓝光组产蛋率显著高于红光组和白光组，与红光和绿光相比，蓝光组血清 LH 和 FSH 维持时间最长，建议在 15lx 光强度下，19～36 周选用蓝光照明，37～52 周改为白炽灯，这样可以显著提高产蛋量和饲料转换率。在对蛋鸡和火鸡的研究中，也有研究发现不同波长的光对其产蛋性能无显著影响，但光强度在 $0.1W/m^2$ 时，红光组的料蛋比最低。光照波长对蛋鸡的影响可能与其对采食行为影响及光强度有关，关于红光和白光对种火鸡开产前和产蛋期间采食量和产蛋总数的影响的研究表明，开产前白光组的采食量最高，而在产蛋期间红光组的采食量最高，在光强度低于 160lx 时，白光组和红光组产蛋总数没有差异，但在 160lx 时，红光组的蛋总数显著高于白光组。新近的研究发现，光照波长影响蛋鸡的环境敏感性。Archer（2019）将白来航鸡饲养在两种不同光照波长下（红光和白光），发现光照波长对生产性能、紧张性静止不动反应均无显著影响；从 42 周龄开始持续到 72 周龄时，相比白光组，红光组血浆皮质酮浓度较低、异嗜细胞与淋巴细胞的比值较低和综合不对称评分较低，表明红光能降低应激敏感性，但不会影响恐惧反应和生产性能。

　　LED 作为一种新的光源在蛋鸡生产中得到广泛应用。Liu 等（2018）研究评估了 LED 灯与荧光灯（FL）对海兰褐蛋鸡产蛋性能的影响。1～16 周龄育成阶段母鸡饲养在淡蓝色的 PS-LED 或暖白色 FL，17～41 周龄产蛋阶段采用淡红 PS-LED 或暖白色 FL，在产蛋期两种光照处理对产蛋性能均无显著影响，在育成期两种光照处理不会影响 17～41 周龄的产蛋性能。该研究表明，相比传统荧光灯，LED 灯并不会对生产性能和蛋品质产生明显的不良影响。综上所述，蛋鸡的光照波长以无色或红色较为适宜，LED 可以作为传统光源的替代光源。

（三）光强度

O'connor 等（2011）在产蛋前期与开产初期（16～24 周龄）研究了光强度（150lx，5lx）和/或长期噪声（60dB，80dB）对蛋鸡行为（活动、休息和羽毛梳理）、生理应激（血浆皮质酮、异嗜细胞/淋巴细胞）和生产性能（产蛋量和蛋重）的影响。研究发现，与 150lx 相比，光线较暗鸡舍里的母鸡不活跃，梳洗和沙浴行为频次减少。长期暴露在低光强下不会对蛋鸡造成明显的生理应激，但会影响产蛋，并且高噪声会加剧低光强的影响。时凯等（2016）发现 9.5lx 的光照强度优于 10.2lx。Zhao 等（2015a）认为产蛋鸡食槽处的平均光照强度以 10lx 为宜，笼养鸡舍中最低处不低于 5lx。综上，光照强度对蛋壳质量有显著影响，保持恒定的光照制度非常必要，产蛋鸡光照度应保持在 10lx 左右。

相关商业育种公司推荐的光照制度如图 2-3、图 2-4 所示。

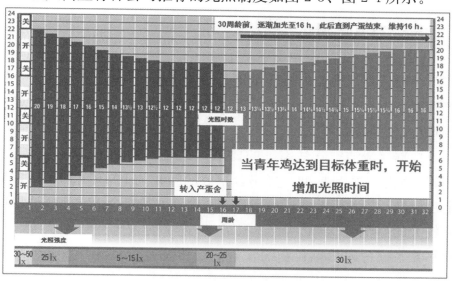

图 2-3　白壳蛋鸡建议光照程序
（资料来源：Hy-Line International，2016）

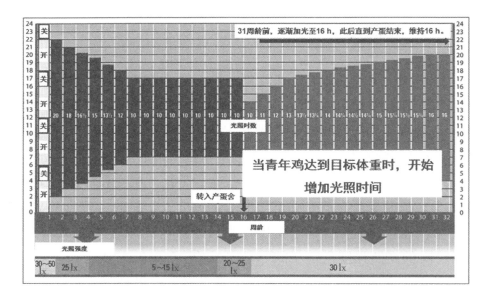

图 2-4　褐壳蛋鸡建议光照程序

（资料来源：Hy-Line International，2016）

三、空气质量

一般认为，鸡舍内氨气浓度超过 19mg/m³ 会对蛋鸡健康和生产性能产生不良影响，其最主要的表现是角膜炎、结膜炎，雏鸡较成年鸡更为敏感。

根据《清洁空气法案》的要求，美国环保署（EPA）制定了国家环境空气质量标准，蛋鸡舍排放的颗粒物 PM10 和 PM2.5 是七项标准污染物中的两项。蛋鸡不同饲养方式对舍内空气颗粒物具有较大的影响。David 等（2015a）综述了前人研究结果认为，地面平养系统舍内总颗粒物的含量高于传统笼养系统（12mg/m³ 和 2.4mg/m³）；而对于可吸入性颗粒物含量，传统笼养系统最低（0.1mg/m³），地面平养系统居中（0.37～0.848mg/m³），舍内立体散养系统含量最高（1.19mg/m³）。总体上，舍内立体散养系统、地面平养系统和笼养系统相比，鸡舍内颗粒物水平及其所含有的细菌、内毒素等生物活性成分数量均明显升高，进而对蛋鸡健康和福利状态产生直接或间接的不利影响。

美国蛋业生产商协会（UEP）发布的《蛋鸡业指南》要求，鸡舍设计和生产管理必须保证为每一只鸡提供充足的新鲜空气，保持足够通风，避免一氧化碳、甲烷、氨气、硫化氢和粉尘浓度过高，建议舍内氨气浓度低于 7.6mg/m³，不得超过 19.0mg/m³（UEP，2008），这与美国国家职业安全与卫生研究所和英国规定的人类每日 8h 加权平均接触限值相同（Xin 等，2011）。欧洲规定的禽舍中氨气浓度限值也为 19.0mg/m³，而硫化氢为 0（PoultryHub，2019）。关于舍内颗粒物和微生物，目前国外还未见明确的规定。按美国职业安全与卫生条例，人每日 8h 加权平均接触限值为总颗粒物 15mg/m³，呼吸性颗粒物 5mg/m³。

1999 年，我国颁布实施了《畜禽场环境质量标准》（NY/T 388），规定了规模化鸡场（≥5 000 只）应设置舍区、场区和缓冲区，其中，舍区指鸡生活所处的半封闭区域，场区指鸡场围栏或院墙以内、舍区以外的区域，缓冲区指场外向外≤500m 范围内的区域。该标准规定了规模化鸡场（≥5 000 只）鸡舍内氨气的限值为 15mg/m³，硫化氢的限值为 10mg/m³，二氧化碳限值为 0.15％，可吸入性颗粒物（PM10）和总悬浮颗粒物（TSP）的限值分别为 4mg/m³ 和 8mg/m³，细菌总数的限值为 25 000 个/m³。不同区域空气环境质量需满足表 2-2 的要求。

表 2-2 规模化蛋鸡场空气环境参数标准

项目	单位	舍区		场区	缓冲区
		雏鸡	成年鸡		
氨气	mg/m³	10	15	5	2
硫化氢	mg/m³	2	10	2	1

（续）

项目	单位	舍区		场区	缓冲区
		雏鸡	成年鸡		
可吸入颗粒物（PM10）	mg/m³	4		1	0.5
总悬浮颗粒物（TSP）	mg/m³	8		2	1
细菌总数	个/m³	25 000			

注：表中数据均为日均值。

我国《无公害食品 蛋鸡饲养管理准则》（NY/T 5043—2001）中对相关指标的要求为：鸡舍内空气中灰尘控制在 4mg/m³ 以下，微生物数量应控制在 25 万/m³ 以下。现有的研究和实践结果表明，海兰蛋鸡鸡舍地面允许的气体水平是：氨气 $<19mg/m^3$，二氧化碳 $<0.5\%$，一氧化碳 $<0.005\%$（海兰国际育种公司，2018）；罗曼蛋鸡最低空气质量要求是：氧气 $>20\%$，二氧化碳 $<0.3\%$，一氧化碳 $<0.004\%$，氨气 $<15.2mg/m^3$，硫化氢 $<7.5mg/m^3$（罗曼家禽育种公司，2018）。笔者团队测定了存栏 12 000 只海兰褐蛋鸡的标准化叠层笼养蛋鸡舍内空气质量状况（表2-3），结果表明，秋、冬季节（11—12 月），鸡舍中间氨气浓度最高（25.02mg/m³），二氧化碳含量为 0.23%（孙利，2014）。

表 2-3 标准化笼养蛋鸡舍空气质量实测结果

项目	进风口	鸡舍中间	出风口	平均
氨气（mg/m³）	8.86	25.02	10.76	14.88±2.18
二氧化碳（%）	0.23	0.23	0.23	0.23±0.04

四、群体环境

1. 饲养密度 饲养密度影响鸡的行为。在育雏期（30～60 只/m²）和育成期（15～30 只/m²），高饲养密度增加啄羽行为（王长平等，2012；王长平和韦春波，2017）。刘立波等（2011）报道，在 29～49 日龄，罗曼褐蛋雏鸡日增重和料重比达到最佳值的笼养密度分别为 237cm²/只和 192cm²/只。张金鑫（2019）在保证各处理料位（6.17cm²/只）、水位（6 只/乳头）和群体规模（12 只/群）一致的前提下，确定 10～16 周龄青年海兰褐蛋鸡的适宜饲养密度为 12～16 只/m²。

我国蛋鸡饲养普遍采用笼养模式，一般每个鸡笼的饲养密度为 3～4 只。国内学者在蛋种鸡上的研究表明，在空间占有量为 420～630cm²/只或 342～684cm²/只范围内，降低笼养密度可以提高蛋种鸡产蛋率和种蛋合格率。

饲养密度与动物福利密切相关，欧盟对蛋鸡饲养密度的规定是基于蛋鸡福利基础之上的，其判断的依据分别是：①生物机能，即保证机体的各项生物机能运转正常，蛋鸡保持健康，有良好的成活率、生长率和生产性能；②情感状态，即尽可能减少动物的负面情感状态，如痛苦、不安、恐惧、沮丧等，增加其正面状态，如满足、快乐等；③自然习性，即允许蛋鸡在一个自然或准自然的环境中表达其正常行为。以生物机能为判定依据（成活率、产蛋率和饲料转化率等），每只蛋鸡需要最低面积为 450cm²（Council Directive 88/166/EEC，EU 1988）。但是这一标准仍然难以满足蛋鸡的行为要求。例如，有研究认为饲养密度为 450cm²/只时仍然限制蛋鸡自由活动，有多种行为不能充分展现。国外学者研究测定蛋鸡表现各种动作所需的空间为：自由转身需 540～1 604cm²/只，展翅需 630～1 118cm²/只，抖动羽毛需 676～1 604cm²/只，整理羽毛需 814～1 270cm²/只，觅食需 540～1 005cm²/只。以情感状态为判定依据，每只蛋鸡需要的最低面积为 750cm²（Council Directive 1999/74/EC，EU，1999）。以自然习性为判定依据，加拿大一家有机农业协会建议的每只鸡面积为 2 300cm²。后两种标准要求配有供蛋鸡夜间休息用的栖息架、产蛋用的抱窝箱等设施，且满足自然习性要求，需每日提供 6h

的室外自然光照。

目前欧盟和美国实施的福利立法对蛋鸡饲养设施提出了要求，包括活动空间、采食空间、饮水设施、产蛋巢面积、栖木空间、垫料、光照等，表1-3列出了各国福利标准对蛋鸡活动面积的要求。

2. 群体规模 实际生产中，饲养密度作为重要的饲养参数模糊涵盖了群体规模的概念，在场地空间大小固定的前提下，饲养密度和群体规模的大小呈正相关性，饲养密度低即群体规模小。动物的集群行为是同种个体成群聚居的生活天性，生活在一个群体中，可以减少对新奇事物和无害刺激的恐惧，离群个体往往会有严重的应激表现。相应地，群体生活也会带来个体的竞争，主要围绕资源的获取，包括但不限于采食和饮水空间、有限空间内的自由移动等。国外学者对红原鸡和野生禽类的研究表明，其种群规模在5～48只，群体规模增加可使个体警惕性适当降低，让每一个个体有更多时间用于采食、休息、梳理羽毛。在传统笼养环境下，群体规模的增加会提高蛋鸡啄羽的风险，进而可能对生产性能的发挥产生不利影响。蛋鸡能识别并记忆80～100只周围个体，陌生个体相遇会相互争斗，带来啄羽、攻击、应激水平加大等负面影响，进而影响其生产性能；另外，蛋鸡存在特殊社会等级结构，小群体下，个体等级分明，社会结构简单、稳定，群体中蛋鸡对环境资源利用的竞争力较少，不同群体规模下福利水平和生产性能的发挥不尽相同。在我国蛋鸡生产实践中通常采用每笼3～4只。近来，我国蛋种鸡生产中部分企业采用了大笼饲养模式，每个笼内饲养100只蛋种鸡（母鸡90只＋公鸡10只），取得了较好的生产效果（诸立春等，2017）。Huang等（2012）比较了两种蛋鸡笼养群体：每笼4只、每只398cm²，48只、每只543cm²，结果表明笼养模式下小群体对其生产性能的发挥和行为展现更为有利。张金鑫（2019）在保证各处理料位（12.33 cm²/只）、水位（3只/乳头）和饲养密度

（12 只/m²）一致的前提下，确定 10～16 周龄青年笼养海兰褐蛋鸡的适宜群体规模为 6～9 只/群。

对于蛋鸡，尤其在非笼养系统内，适宜的群体大小和饲养密度尚无定论。相比群体大小和饲养密度，养殖系统设计、鸡群在养殖系统内的分布和环境条件对鸡群福利的影响更大（Widowski 等，2013）。地（底）面空间需求差异很大，取决于品种、气温、地（底）面［是否由网状物或木制板条组成（部分或全部）］。通常，地面全部（100％）铺设垫料的养殖系统对空间的需求最大，地（底）面完全是网状物或板条的养殖系统对空间的需求最小。

第二节　蛋鸡适宜饲养环境参数

一、热环境

鸡对热环境的需要其实质是对温度、湿度、气流和热辐射的综合需求。

1. 温度　蛋鸡育雏阶段需要较高的温度，随日龄增加所需温度逐渐降低，5 周龄后的适宜温度为 21℃。具体各阶段的适宜温度详见表 2-4。

表 2-4　商品蛋鸡建议饲养温度

日龄（d）	白壳蛋鸡饲养温度（℃）		褐壳蛋鸡饲养温度（℃）	
	笼养	平养	笼养	平养
1～3	32～33	33～35	33～36	35～36
4～7	30～32	31～33	30～32	33～35
8～14	28～30	29～31	28～30	31～33
15～21	26～28	27～29	26～28	29～31
22～28	23～26	24～27	23～26	26～27

（续）

日龄（d）	白壳蛋鸡饲养温度（℃）		褐壳蛋鸡饲养温度（℃）	
	笼养	平养	笼养	平养
29～35	21～23	22～24	21～23	23～25
36d 及以上	20～22		20～22	

2. 湿度　鸡舍内相对湿度随气温变化而改变，一天内个别时段相对湿度升高对鸡群无负面影响。鸡舍内相对湿度的适宜范围为40%～60%，蛋鸡各生长发育阶段的适宜湿度范围见图2-5。舍内相对湿度过低，会使环境多尘，不利于鸡群呼吸道健康。相反，相对湿度过高，不利于鸡的散热，并会使舍内维护结构潮湿，促进微生物生长，不利于有害气体排出等。

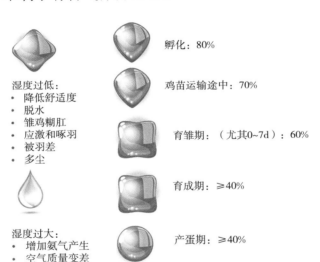

湿度过低：
- 降低舒适度
- 脱水
- 雏鸡糊肛
- 应激和啄羽
- 被羽差
- 多尘

湿度过大：
- 增加氨气产生
- 空气质量变差

孵化：80%

鸡苗运输途中：70%

育雏期：（尤其0~7d）：60%

育成期：≥40%

产蛋期：≥40%

图 2-5　商品蛋鸡建议空气湿度

3. 通风　在天气寒冷时，通风的作用是除去舍内多余的湿气和有害气体；在天气炎热时，通风的作用是除去鸡舍内鸡群产生的多余体热，保持舒适的舍内温度，因此鸡舍通风量取决于舍内产生的热量、热源提供的热量与外界空气温度。鸡舍适宜的通风量详见表 2-5。

表 2-5　每 1 000 只商品笼养蛋鸡建议通风量

外界温度 (℃)	通风量（m³/h）					
	1 周龄	3 周龄	6 周龄	12 周龄	18 周龄	>19 周龄
30	320～380	460～590	950～1 300	2 450～3 100	5 800～7 200	4 700～12 000
20	150～200	210～300	450～690	1 200～1 550	2 500～3 100	4 300～6 800
10	100～145	140～210	300～450	620～850	1 800～2 300	2 600～4 200
0	60～85	110～150	200～300	480～580	1 200～1 500	850～1 700
−10	65～80	90～110	155～200	320～400	475～600	600～1000

注：在设定通风量时，必须考虑空气质量与鸡群热舒适度；以达到适宜的温热环境（20～29℃，取决于年龄）和空气质量为目标时，通风量可作适当调整。

资料来源：Hy-Line International Management Guides（2016）。

二、光环境

1. 育雏期光照　光照有利于雏鸡熟悉环境，进行觅食和饮水，明亮的光照可以提高雏鸡的活跃性和加大运动量，促进其生长，提高其生产性能和成活率。对于 0～2 周龄蛋雏鸡，光照的作用是提高采食、饮水速度和保证鸡群发育好、均匀度高。在育雏阶段，鼓励采用间歇光照制度（如 2h 黑暗＋4h 光照）；7 日龄前，光照强度应不低于 20lx，每天黑暗时间不少于连续 2h；7 日龄后，黑暗时间逐渐增加，到 2 周龄时每天应不少于 6h。推荐做法：1 日龄，光照时间以 24h，光照强度以 60lx 为宜，要确保光照均匀且灯具干净；2 日龄，光照时间为 23h，光照强度为 40lx。3～4 日龄，光照时间为 22h，光照强度为 40lx。5～6 日龄，每天光照时间 21h，光照强度不变。7 日龄，光照时间减少 1h，光照强度减弱到 20lx；8 日龄以后，光照时间每天减少 1h，减到 8h 后维持不变，光照强度逐渐降低，到 13d 减弱到 10lx。

2. 育成期光照　育成期鸡群性腺发育很快，并对光照时间反应敏感。光照时长过短或者过长，可能导致鸡生长受阻或者性成熟提前。推荐做法：刚进入育成期的蛋鸡，在不影响其正常采食量的

情况下光照时间为 8h；在 17 周龄经确认体重与胫骨长度符合品种标准后，开始增加光照，每周加 0.5～1h 至 16h 光照。

3. 产蛋期光照 进入产蛋期的鸡群，光照时间由恒定短光照转变为恒定长光照。产蛋期光环境主要包括光照刺激强度和光照时长。笼养蛋鸡舍内光照应保持均匀，避免舍内有亮度过强或过弱的区域。光照强度应保持稳定，避免突然变化，在每次开、关灯时要做到逐步由暗到亮、由亮到暗，给鸡一个适应过程，减少应激因素，防止鸡群受惊，影响产蛋。光照由明期转为暗期时，光照强度宜逐渐降低，建议有不少于 15min 的过渡期；由暗期转为明期时，光照强度宜逐渐增加，建议有不少于 5min 的缓冲期。食槽处的平均光照强度应不低于 5lx。产蛋期每天黑暗时间不少于 8h，鼓励采用"14h＋1h"光照模式。推荐做法：蛋鸡产蛋期需要较长的光照时长以维持其高产，一般为 16h 或 17h。产蛋期可在凌晨 0：00—1：00 开灯 1h，这种方法在产蛋初期促进夜间采食，有助于降低死淘率和提高产蛋性能，也可以缓解产蛋末期蛋壳质量和颜色变差的问题，在夏季有利于缓解热应激。蛋鸡光照建议程序见表 2-6。

表 2-6　商品笼养蛋鸡建议光照程序

周龄	日龄（d）	光照时间（h）	光照强度（lx）
	1	24	60
	2	23	40
1	3～4	22	40
	5～6	21	40
	7	20	20
	8～12	每天减 1h	20
2	13～14	15	10
3～4	15～29	每天减 1h	10
5～8	30～56	8	5
转育成笼	开始 2d	22～24	

（续）

周龄	日龄（d）	光照时间（h）	光照强度（lx）
9～16	57～112	8	5
17～18	113～126	9	10
19	127～133	10	10
20	134～140	11	10
21	141～147	12	10
22	148～154	13	10
23	155～161	14	10
24	162～168	15	10
25	169～175	16	10
26 以后	176 至淘汰	16	10

注：17～18 周龄鸡的体重和胫骨长达标，方可增加光照时间。

三、空气质量

蛋鸡舍内空气环境质量的控制依赖于良好的管理。根据我国蛋鸡生产现状及国内外相关研究与实践，建议笼养蛋鸡舍空气质量限值见表 2-7。

表 2-7　商品笼养蛋鸡舍建议空气质量限值

空气成分	限值
氧气（O_2，%）	≥20
二氧化碳（CO_2，%）	≤0.3
一氧化碳（CO，mg/m^3）	≤50
氨气（NH_3，mg/m^3）	≤15
硫化氢（H_2S，mg/m^3）	≤10
可吸入性颗粒物（PM10，mg/m^3）	≤4
细菌总数（个/m^3）	≤25 000

四、群体环境

笼养蛋鸡的群体环境受鸡笼尺寸影响，鸡群的群体大小和饲养密度也有一定的关系（表 2-8）。

表 2-8　商品笼养蛋鸡建议饲养密度、料位和水位

周龄	每只鸡最低空间需求（cm²）	每只鸡最小料位宽度（cm）	每个乳头饮水器适用鸡数（只）
0～2	64.5	1.0	30
3～8	129.0	2.0	24
9～17	271.0～283.9	4.0	12
18 周龄及以后	432.0～484.0	7.0	12

注：对于特定品种，参照并遵守相关饲养管理手册推荐的空间、料位和水位要求。

第三章
蛋鸡饲养环境控制

蛋鸡舍内饲养环境受鸡场外界小气候环境的影响，与鸡场选址、鸡舍建筑设计、建筑材料选用、饲养管理、环境控制设施和饲养设施的配置等有关。

第一节　蛋鸡舍环境管理

一、饲养设施基本要求

1. 场址与场区　鸡场选址应位于非禁养区内。场区排水良好，建设雨污分流管网。鸡场应具有备用发电设施，可为全场所有鸡舍和设备供电 24h 以上。

2. 鸡舍　鸡舍应单列布局，朝向以南向或南偏东 5°～15°为宜。鸡舍及相关设备的构造材料应无毒、无害、表明光滑、绝热性能良好。鸡舍除必需的通风换气口外，门窗、屋顶、卷帘和墙体无任何缝隙或漏洞。

3. 装备

（1）鸡笼　笼架两端与湿帘或风机应保持 2～3m 的距离。鸡笼内外表面应光滑，无障碍物，避免伤害鸡；高度应保证鸡能够直

立（产蛋期笼高不宜低于 45.0 cm）。笼底网格应为鸡脚趾提供充足的接触面积，防止腿、脚受伤或变形；育雏阶段应使用恰当的笼底铺垫物，直至鸡长到能够适应网孔的大小；育雏、育成期笼底网孔径间距不得超过 1.5 cm，产蛋期不得超过 2.5 cm；产蛋期笼底坡度不宜超过 8°。

（2）通风设施　鸡舍应安装风机与湿帘降温系统，在进风口应安装导流板，侧风窗应配备遮光罩。

（3）清粪设施　传送带式清粪机阶梯式笼具上下层重叠部分应设有挡粪装置，防止粪便直接落到鸡身上；叠层式笼具不应以传粪带代替顶网，且层间距不宜低于 10 cm，以便通风。

（4）喷雾设施　在舍内走道上方宜安装高压水管和雾化喷头，用于消毒、降温和除尘。

（5）监控设施　舍内应安装报警器或监视器，动态监测通风、喂料和饮水系统运行情况。配备手动控制装置，在自动控制器发生故障时，确保通风或加热系统继续运行。

二、鸡舍环境管理

鸡舍需要能够维持良好的环境和适宜的空气质量，防止鸡群过冷或过热。供暖和通风系统需要综合考虑，温度变化会改变通风需求。

1. 温度管理　不同品种、生产阶段蛋鸡的最适温度范围不一，鸡群舒适度受环境温度、湿度和气流影响。鸡群行为可用作评价热舒适度的可靠指标。对于雏鸡，主要是注意防止育雏温度偏低，可通过观察雏鸡状态，确定温度是否合适（图 3-1）。如温度偏低，雏鸡会表现为蜷缩、扎堆；如育雏笼内有贼风，雏鸡则会在远离贼风处聚集；如温度适宜，雏鸡会在整个育雏区均匀分布。育成鸡和产蛋鸡重点是防止热应激，重点观测鸡是否出现热喘息。

温度适宜　　　　　温度过高　　　　　温度太低　　　　　贼风

图 3-1　雏鸡在育雏区分布与育雏温度关系
（资料来源：Bestman 等，2018）

管理要点：

（1）每天在鸡体等高位置监测鸡舍内温度，记录最低和最高舍内温度，并设立温度报警装置。

（2）雏鸡舍进鸡前，鸡舍必须预先加热至所需温度；产蛋鸡舍应根据蛋鸡被羽状态调整鸡舍设定温度，对于掉毛明显的产蛋鸡应上调舍内温度 1～2℃。

（3）监测鸡群有无冷、热应激的征兆，并采取相应的补救措施（图 3-2）。

（4）尽量将鸡舍内的相对湿度维持在 50%～70%，保障鸡群热舒适度。

A　　　　　　　　　　　　　　　　　　　　　B

图 3-2　监测舍内温度
A. 温感器放置过高　B. 在鸡背高度测温
（资料来源：Bestman 等，2018）

（5）通风设施应配备超控装置，以便在控制器发生故障时，保持通风系统继续运行。

2. 通风与空气质量管理　鸡舍内空气质量对于蛋鸡健康尤其是呼吸道健康具有重要影响，通风是为鸡舍提供新鲜空气的手段，通过通风控制舍内有害气体和微粒浓度不超过危害水平。

管理要点：

（1）通风系统及环境控制系统的设计、建造和维护必须确保提供能够促进鸡群健康和福利的新鲜空气与卫生条件。

（2）及时清理粪便。

（3）将鸡舍相对湿度范围控制在 50%～70%，有助于粪便干燥和减少有害气体吸附于潮湿物体表面，理想的相对湿度范围为 55%～65%。

（4）每周监测鸡舍氨气水平，并在寒冷、潮湿季节增加监测频次。

（5）当氨气水平超过 $19mg/m^3$ 时，采取控制措施，如增加通风、调整饲料组成、增加清粪频率等。

（6）注意鸡舍进风的均匀性，进风口应设置导流板，避免进入鸡舍的外界空气直接吹到鸡体，造成应激。在鸡舍长轴由湿帘端墙向风机端墙方向，进风口宜由大逐渐变小，尽量做到鸡舍进风均匀。

（7）鸡舍内部有效的空气循环有助于新鲜空气和辅助热源的分配，消除温差。

3. 噪声管理　持续背景声响或环境声响，如音乐，可能有助于鸡群适应环境。在育雏、育成阶段使青年鸡适应常见噪声，有助于降低产蛋鸡对突发性噪声的反应性。

管理要点：

（1）尽可能避免突发性噪声。

（2）在管理和维护通风扇、喂料机或其他设备时，确保操作得当，尽可能少地发出噪声。

（3）可设置背景声响，以防止鸡群因突然的、意外的或预期的（如饲料行车、清粪、捡蛋设施运行等）声响而受惊。

4. 光照管理 鸡舍内应保持稳定、均衡一致的光照（图 3-3），平均光照强度可通过测量最暗和最亮区域的强度以及一两个中间点计算。

图 3-3 光照均匀度
A. 光照不均匀 B. 光照均匀
（资料来源：Hy-Line International，2017）

管理要点：

（1）采用固定光照程序，每天提供不少于 8h 黑暗时间的光照；光照强度一般应维持喂料器处的平均光照强度不低于 5lx，光照强度在纠正不良行为（如啄羽）时可以适当降低。对于多层非笼养系统，产蛋鸡平均光照强度不低于 10lx。

（2）照明灯启动或关闭时，要有一定的过渡期，在开启照明系统时，设定 5min 过渡期，逐渐提高光照强度；在关闭照明系统时，设定 15min 缓冲期，逐渐降低光照强度。

（3）尽量使用家禽专用光源，提供广谱波长的光，满足家禽复杂视觉系统的需求。

5. 饮水管理 水是鸡群最重要的养分之一，优质、安全饮水是保证蛋鸡健康和安全生产的关键环节之一。水的质量包括温度、盐度和杂质等（影响滋味和气味）。鸡群需水量受年龄、体重、生产水平以及环境温、湿度的影响，可通过观察鸡群确保饮水充足。

管理要点：

（1）定期监测水质，尤其是卫生学指标（每年必须至少检验一次）。在检测水质时，从鸡群饮用的地方采样（如在水线末端或靠近水线末端的饮水器）。

（2）确保饮水器数量或水线长度足够，尤其是在夏季；饮水器高度应根据鸡的高度及时调整。

（3）定时巡查饮水器状态，及时更换滴漏的饮水器。

（4）在每一栋鸡舍内安装水表，每天记录饮水量，监测耗水率；监测和控制水压。

（5）鸡群转舍时，确保水线、饮水器正常，水压适宜。尽量在青年鸡舍和产蛋鸡舍内使用相同类型饮水器，便于鸡群快速适应环境。

（6）定期冲洗、消毒水线。

第二节　蛋鸡热应激管理

在夏季，高温通常伴随着高湿，鸡群易产生热应激，影响鸡群生产性能和健康。在我国南方地区，高湿度使得湿帘降温系统失效，热应激问题尤为突出。降低热应激影响的关键是根据高温来临和持续时间的预报，在高温高湿天气到来前采取恰当的饲养管理和营养调控方案，提高鸡群抗热应激能力，降低热应激影响。商品蛋鸡热应激指数或温湿指数如图 3-4 所示。

商品蛋鸡温湿指数
（热应激指数=0.6×干球温度+0.4×湿球温度）

相对湿度（%）

°F	°C	5	10	15	20	25	30	35	40	45	50	55	60	65	70	75	80	85	90	95	100
68	20	63	63	63	64	64	64	64	65	65	65	66	66	66	66	67	67	67	67	68	68
72	22	64	65	65	66	66	66	67	67	67	68	68	69	69	69	70	70	70	71	71	72
75	24	66	67	67	68	68	69	69	70	70	70	71	71	72	72	73	73	74	74	75	75
79	26	68	69	69	70	70	71	71	72	73	73	74	74	75	75	76	77	77	78	78	79
82	28	70	70	71	72	72	73	74	74	75	76	77	77	78	78	79	80	80	81	82	82
86	30	71	72	73	74	74	75	76	77	78	79	80	81	81	82	83	84	84	85	86	86
90	32	73	74	75	76	77	77	78	79	80	81	82	83	84	84	85	86	87	88	89	90
93	34	75	76	77	78	79	80	81	82	83	84	84	85	86	87	88	89	90	91	92	93
97	36	77	78	79	80	81	82	83	84	85	86	87	88	89	90	91	93	94	95	96	97
100	38	78	79	81	82	83	84	85	86	88	89	90	91	92	93	95	96	97	98	99	100

温度（左侧纵向标注）

舒适区（温湿指数<70）：无需采取行动，为未来炎热天气做好防范准备。

警戒区（温湿指数=70-75）：开始采取缓解热应激的措施：加大换气量，提高风机转速，使用喷雾设备（视相对湿度而定）。观察鸡群行为，看有无热应激症状，确保饮水器和通风系统正常工作。

危险区（温湿指数=76-81）：发生热应激。立即采取降低热应激的措施：在密闭式鸡舍内加大换气量，使用湿帘（视相对湿度而定）；在开放式鸡舍内，开启风扇和喷雾系统。调整饲粮养分浓度，弥补采食量的降低。确保鸡体上方风速不低于1.8-2.0 m/s。定期使用凉水冲洗水线。密切观察鸡群行为，尽可能保持夜间凉爽。

紧急区（温湿指数>81）：发生重度热应激。禁止转群或免疫接种。不要在一天当中最热的时候喂鸡。降低光照强度，以减少鸡群活动和机体产热。

图 3-4　蛋鸡温湿指数或热应激指数
（资料来源：Xin 等，1998）

一、饮水系统管理

（1）提供充足的饮水。随环境温度升高，鸡群饮水量增加。在21℃时，料水比一般为1∶2，但在38℃时，料水比可至1∶8。

（2）饮水器数量充足，检测并确保水线、饮水器水流充足（每个乳头饮水器每分钟的水流量＞70mL）。

（3）保持水温低于25℃有助于维持较高的饮水量，可通过冲洗水线降低水温。

（4）在饮水中添加维生素和电解质可弥补鸡体钠、氯、钾和碳酸氢根损失。

二、饲养管理

（1）提前调整鸡笼内鸡数量，适当降低鸡笼内饲养密度。

（2）调整饲喂时间，避开下午与傍晚舍内高温时段；热应激程度严重时应停止饲喂（图 3-5）。

（3）调整其他管理措施，在一天当中最热的时间段（下午和傍晚），尽量减少对鸡群的惊扰（如清粪等），把相应时间提前到清晨或夜间气温下降以后。

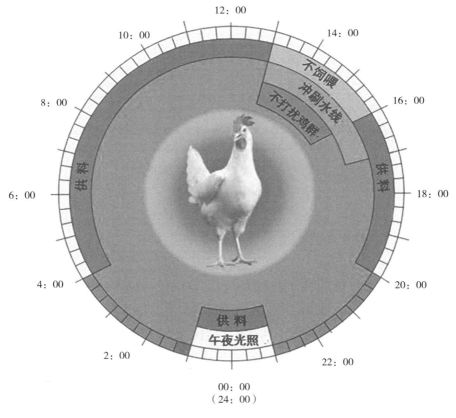

图 3-5　热应激期间工作时间表

（资料来源：Hy-Line International，2016）

（4）热应激期间尽量避免断喙、转群和免疫接种，如果确实需要，应放到清晨进行。

（5）在采用湿帘降温系统时，注意检查水温，保证水循环系统工作正常。

（6）增加通风率，注意让所有风机在夜间和清晨连续运转，以便于在第二天上午维持适中的温度。

（7）注意观测鸡行为和热喘息的发生，判断热应激程度。

三、通风系统管理

检查通风系统，在热季来临前，确保其有效运转。

（1）清洗风机百叶窗，确保其正常无故障。风机传动皮带应注意更换，确保紧固，防止在高温时打滑或断裂。

（2）检查进气口，保持清洁、无任何遮蔽物；调整气流导板至适宜位置，保证空气流向合理。

（3）检查温控器，确保其准确；检查备用供电系统，以防天气炎热时停电。

（4）检查鸡舍静压设置在合理范围内（12.5～30 Pa），确保气流充足、均匀。

（5）清洗或更换湿帘，保证湿帘水流分布均匀；检查湿帘滤水器，防止发生堵塞。

四、光照管理

（1）调整光照制度，将光照开启时间前移，让鸡群在一天当中气温较为凉爽的时段采食。

（2）极端热应激条件下，可在一天当中最热的时候降低光照强度，以减少鸡群活动产热。

（3）在热应激条件下，可采用"14h＋1h"光照制度，也可采用间歇光照制度，有助于增加采食量（图3-6）。

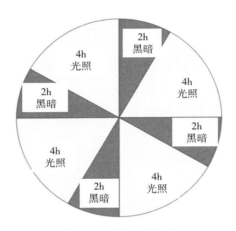

图3-6　间歇光照制度

（资料来源：National Farm Animal Care Council，2017）

五、营养管理

在炎热的天气条件下，密切关注鸡群采食量。根据鸡群在不同生产阶段的营养需求和采食量观测结果，调整饲粮关键养分浓度，尤其是氨基酸、钙、钠和磷等。在炎热季节，饲粮配制应注意以下几点：

（1）使用易消化的原料配制饲粮，尤其是蛋白饲料。多余蛋白质的代谢会增加鸡的热负担，加剧离子失衡。以可消化氨基酸为目标配制饲粮，在不影响饲粮氨基酸水平的前提下使用合成氨基酸，降低日粮粗蛋白水平。

（2）使用易消化的油脂提供能量，降低食后体增热。

（3）适当提高饲粮磷水平（5％左右），弥补热应激时尿磷排泄增多导致的负平衡；适当提高钠离子添加水平（0.02％～0.03％），饲粮氯与钠的比率应为（1～1.1）：1，电解质平衡值（$Na^+ + K^+ -$

Cl⁻ 的毫摩尔当量数）约为 250mEq/kg。弥补热应激时电解质损耗。

（4）提高饲粮中维生素和微量元素的添加水平，弥补因采食量降低导致的摄入量减少。在饲粮中添加 200～300mg/kg 维生素 C 可以改善生产性能。

（5）使用有机微量元素，如有机锌、有机铜等。

六、健康管理

（1）在热应激时，尽可能推迟免疫接种工作。热应激鸡群的免疫功能下降，对疫苗的应答减弱。

（2）在饮水免疫时，应根据鸡群在炎热天气条件下耗水量的增加情况，调整用水量和疫苗投放量。

（3）炎热天气下进行饮水免疫时，最好在 1h 内完成，并应在清晨气温凉爽时段进行。

（4）炎热天气下尽量不要进行喷雾免疫。

第四章
蛋鸡饲养环境管理案例

第一节　广平德青源农业科技有限公司

一、基本情况

（一）企业概况

视频 1

广平德青源农业科技有限公司（视频 1）成立于 2017 年，是依托于广平县金鸡产业扶贫项目而成立的，注册资本 1 000 万元，位于河北省广平县南韩镇、平固店镇、东张孟镇交界处（图 4-1）。目前在职员工 160 人，主要从事农产品技术研发；家禽饲养、屠宰；饲料加工、销售；鸡蛋、青年鸡、毛鸡、有机肥销售等业务。

广平县金鸡产业扶贫项目是县委、县政府加快推动产业扶贫的一项重大举措，主要模式是依托中国蛋鸡第一品牌——北京德青源农业科技股份有限公司，探索创新资产收益扶贫"金鸡模式"。总投资 5.46 亿元，其中邯郸广盛农业投资有限公司投资 3.585 亿元，北京德青源农业科技股份有限公司投资 1.875 亿元。占地 1 160 亩（约 77 万 m²），建筑面积 12 万 m²。主要包括十二区五厂（即标准化青年鸡小区三个、标准化蛋鸡小区九个，以及饲料厂、屠宰场、沼气处理中心、有机肥厂和食品厂）。项目建成后，满负荷生产，年存栏蛋鸡 270 万只，年产 6.3 亿枚合格包装蛋，液蛋 10 125t，饲料 12 万 t，分割肉鸡 1 050 万只，年产沼气 839.5 万 m³，年产固态有机肥 1.5 万 t。

图 4-1　公司外景图

（二）蛋鸡饲养概况

广平德青源设计有 9 个蛋鸡区，蛋鸡存栏量 270 万羽，目前已投产 3 个蛋鸡区，存栏 90 万羽，品种以海兰灰、海兰褐为主，在建 6 个蛋鸡区，预计 2022 年实现满产（图 4-2）。

图 4-2　蛋鸡场布局及近景

二、鸡舍饲养环境及其控制

（一）饲养设施

1. 笼具设施　采用先进的 8 层高密度叠层式笼养设施，空间利用率更高（图 4-3）。

图 4-3　叠层式鸡笼设施

2. 饮水设施 鸡群饮水采用地下水，每个鸡舍配有过滤器，保证水源清洁，通过鸡舍过滤器供到每层水线，每层水线有 322 个水线乳头，鸡通过水线乳头饮水（图 4-4）。

图 4-4 水线供水设施

3. 清粪设施 鸡舍内采用传送带式清粪方式，每层鸡笼下方都有传送带，鸡粪通过鸡舍的纵向、横向、斜向传送带输送至鸡舍外中央清粪带，再通过中央清粪带输送到专用粪便转运车上，每栋鸡舍共有 40 条纵向、1 条横向和 1 条斜向清粪带（图 4-5）。

图 4-5 传送带清粪系统

（二）环境控制设施

1. 温度控制 每栋鸡舍都有环控器及温度报警装置，鸡舍前端上下和前端侧面上下共 6 个湿帘，每个鸡舍布置 8 个温度传感器、9 个温度计，通过环控器设定舍内温度，超过设定温度＋3℃时，报警器自动报警（图 4-6）。

图 4-6 鸡舍温度控制系统

2. 通风控制 通过温度和时间控制风机启停，温度过高或达到设定时间，风机会自动启动，进行降温或换气，每个鸡舍山墙36台风机、侧墙6台风机，每侧49个侧窗，两侧共98个侧窗（图4-7）。

图 4-7　鸡舍通风系统

3. 光照控制 每栋鸡舍12排3W灯泡，提前设定时间，通过时控开关控制启停时间（图4-8）。

图 4-8　鸡舍光照控制系统

4. 消毒设施 人员消毒通道 2 个，人员入场和进蛋鸡小区均需进行消毒，另外进鸡舍前需洗手和脚踏消毒。车辆进场有车辆消毒池。舍内设置了消毒泵、消毒桶、消毒管和消毒枪，可以通过人工喷洒给鸡舍各个角落消毒（图 4-9）。

图 4-9　鸡场消毒设施

三、现场生产效果

1. 鸡舍环境控制效果 各项监测结果正常，鸡舍内温度、湿度、氧气含量、卫生状况等达到适宜鸡群生长的条件。

2. 鸡群生产性能 鸡群各项体征良好，生产成绩稳定，达到预期。根据对 181 124 批次的统计结果，产蛋率较品种标准高 3.28%，产蛋量高 257.7 万枚，每枚蛋耗料量减少 3.26 g。

第二节　四川圣迪乐村生态食品股份有限公司

一、基本情况

（一）企业概况

　　四川圣迪乐村生态食品股份有限公司（视频 2）初创于 2001 年，公司率先在蛋品行业自建全产业链，以"品牌＋规模＋标准"的模式，发展成为集蛋（种）鸡养殖、繁育、蛋品生产、加工为一体的现代农牧产业公司（图 4-10）。在全国 10 多个省

视频 2

（市）建有 17 个养殖基地，蛋鸡养殖规模逾 1 000 万只，市场覆盖全国。公司自建蛋鸡研究院，鸡苗对标德国，鸡蛋对标日本，建立与国际标准接轨的"SDL 标准"。公司采用全程自控、安全可追溯的质量管理体系，发挥全产业链优势，从养殖到蛋品加工，全程千余个关键点控制，使养殖生产各环节和后端的鸡蛋品质有了极大的保障。

图 4-10　场区实景

（二）蛋鸡饲养概况

现建有 17 个养殖基地，蛋鸡养殖规模逾 1 000 万只，年产能 10 万 t 以上。各养殖基地均运用国内外先进的自动化蛋鸡笼养设

视频 3

备，配套农场管理系统，完善的投入品供应渠道和国外先进的蛋品分选加工设备。公司从事现代自动化蛋鸡养殖十多年，自建全产业链模式，采用全程自控、安全可追溯的质量管理体系，从种鸡繁育、孵化、蛋鸡饲养到蛋品加工，全程可控，涵盖种源控制、生物安全、环境控制、投入品管控、饲料营养、饲养管理、蛋品加工、质量监测、疾病净化等关键点控制（图 4-11、视频 3）。

图 4-11　鸡舍布局与生产区实景

二、鸡舍饲养环境及其控制

（一）饲养设施

1. 笼具设施　蛋鸡饲养采用 H 型叠层式笼具，最高达 8 层，笼架材质防锈，结构稳定，使用寿命大于 15 年，单只鸡笼底面积一般不低于 450cm²，每层笼具加盖顶网，下层顶网与上层清粪带的高度大于 10 cm，鸡笼底网间距和倾斜角度合理（一般为 7°~

8°），适宜鸡踩踏、鸡蛋柔和滚动。底层料槽外边沿加固，墙边加工作车轨道钢，配套移动式工作车，各通道间距一般为 1.1～1.3m，适合于巡查、免疫、清扫等作业（视频 4 和视频 5）。各栋鸡舍配套热镀锌钢板料塔（一般为 2 个，互为备用），贮料量 10～20 t/个。舍内采用行车式和链条式两种喂料线，下料口均可调节，下料量均匀，每日料耗量自动记录在农场管理系统中，输料线配备故障急停和报警系统。鸡舍配置集蛋系统，含输蛋带、提升机、自动调节挡蛋线和电击线，转速均匀且可调速，鸡蛋破损率低，单栋全速出蛋时间不超过 60min，并与中央集蛋系统、鸡蛋分级包装设备联动（图 4-12、视频 6 和视频 7）。

视频 4	视频 5	视频 6	视频 7

图 4-12　笼具、喂料和集蛋系统

2. 饮水设施 蛋鸡饮水采用自来水或深层地下水，水质符合 NY 5027 标准要求。养殖场配备可供蛋鸡 5～7d 使用量的蓄水池，供水管网采用无毒管道铺设，饮水系统包含成套净水设备、水表、过滤器、自动加药器、饮水管、360°饮水乳头、接水槽（杯）、调压阀、水管高度调节器、水位显示器等，饮水量数据自动传输到农场管理系统。水压调节保持鸡舍总水压 0.2MPa 以上，笼具分层水压指示柱液面保持在 20～25 刻度（图 4-13）。

饮水净化设施

水线乳头与接水杯

自动加药器

分层调压阀

图 4-13 净水设施及舍内饮水设施

3. 清粪设施 鸡舍内采用传送带式清粪方式，并配置机械化、联动式中央输粪系统。清粪系统由控制箱、电机、滚轴、刮板、挡粪帘布、粪带松紧调节器、纵向集粪传输带、横向传输带、斜向传输带和中央传输带等组件构成。清粪时，通过中控系统实现各组传送带联动传输，中央输粪带或斜向输粪带将鸡粪集中传输到鸡舍外发酵罐，做发酵处理或专用运输车转运出场（图 4-14）。

图 4-14 传送带清粪系统和舍外处理设施

（二）环境控制设施

1. 温度控制 鸡舍配置中央温控系统，根据鸡群日龄、存栏量、目标温度值等进行温度设定，通过调节配套的温控设施实现温度自动调节，即实现侧窗、湿帘与风机的联动调节，保持舍内最大温差在 4℃以内。温控设施配套包括鸡舍墙面、房顶为保温隔热材料，前端山墙和侧墙安装湿帘，侧墙上部安装通风小窗，鸡舍尾端山墙装风机，舍内前后、左右、上下各区域配备温（湿）度传感器，传感器信号传输至中央温控系统，实现数据采集和调控（图 4-

15）。当温度过高时，鸡舍启动降温系统，以纵向通风为主，快速带走热量，温度进一步升高则启动湿帘或喷雾降温系统，以达到降低舍温的目的，夏季维持舍内温度在28℃以内；当温度过低时，根据传感器监测数据和预设值，中央温控系统启动横向通风模式，在保证鸡群呼吸新鲜空气的同时，降低通风换气量，以减少热量的散失，维持舍内温度为13～21℃。

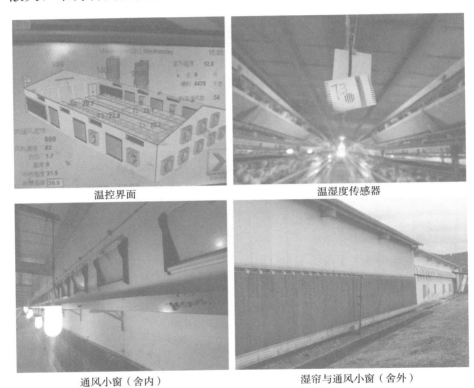

温控界面　　　　　　　　　　　　温湿度传感器

通风小窗（舍内）　　　　　　　湿帘与通风小窗（舍外）

图 4-15　鸡舍温度控制系统

2. 通风控制　鸡舍通风设施主要包括六大组件，即中央控制器、湿帘、侧窗、风机、导流板、应急通风柜。通风控制主要通过中央温控系统根据鸡群日龄、存栏量、目标温度值控制排风风机、通风小窗、降温湿帘的启停，达到为鸡舍提供新鲜空气、排出废气、调控湿度、排出多余热量的目的。鸡舍进风口的通风小窗为两边侧

墙进风窗，所有进风窗自动控制开合，开口大小一致，进舍风向可导
流，另在鸡舍前山墙和两侧墙共布置有3组降温湿帘，湿帘配置自动
控制导流板；排风口位于鸡舍后端，配置了相应数量的风机；中央控
制器根据室内温度、湿度、负压等增加或限制通风（图4-16）。

　　天气寒冷时，中央控制器根据鸡群对新鲜空气的需求量计算
所需的最小通风量，开启横向通风，以换气为主，兼顾保温和换
气的平衡，以维持室内空气质量及水平方向温差在2℃以内；高
温季节，采用纵向通风模式，结合湿帘和负压通风，空气通过鸡
舍前端开启的湿帘进入，经鸡舍后端的山墙风机排出，使进舍气
流在舍内纵向贯穿，达到换气散热的目的；春、秋季采用过渡通
风模式，通风小窗部分或完全开启，根据需要自动启闭湿帘进风
口，舍外空气沿导流板上升到屋顶，与屋顶的热空气混合后下沉

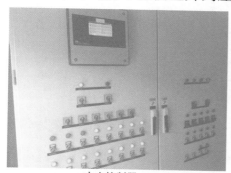

中央控制器

控制面板

风机（舍内）

风机（舍外）

图4-16　鸡舍通风控制系统

到下部鸡群。

3. 光照控制 鸡舍照明系统主要通过光照控制系统控制舍内光源的定时开关及光照强度，并且依据鸡群日龄和产蛋情况等进行光照强度的调节。舍内光源采用禽类专用防水直流可调 LED 灯，灯泡均匀排布，间距 2～3m，根据笼层分上下错落安装，以保持不同笼层间光照的均匀度。配备手持式光照计，可实时检测舍内光照强度，以根据鸡群生长生产情况合理调节光照（图 4-17）。

光照控制器

光照强度调节器

舍内LED光源

光照强度检测

图 4-17　鸡舍光照控制系统

4. 消毒设施 养殖生产区的消毒包括进入场区的车辆、人员、物资消毒和鸡舍内外环境喷雾消毒。进场车辆进入消毒棚，车轮浸入消毒池，两侧喷雾系统自动启动，对车体车身全面消毒，过程持续45～60s；人员入场前需洗澡更衣和超声波雾化消毒；进场物资由臭氧消毒机和紫外线消毒柜进行定时消毒，一般消毒时长30min以上。鸡舍内消毒采用屋顶固定排列的3～5组压力喷头或移动式喷雾消毒机（图4-18、视频8和视频9）。

视频 8

视频 9

车辆喷雾消毒设施

人员超声雾化消毒设施

舍内高压喷雾设施

移动式喷雾消毒设施

图 4-18　鸡场消毒设施

（三）现场生产效果

1. 鸡舍环境控制效果　鸡舍环境控制的目标是为鸡群创造良好

的生产环境，以发挥最大的生产潜能，控制内容包括饲养密度、光照、温湿度、空气质量等。其中，蛋鸡饲养密度为每只笼底面积占有量 450cm² 以上，保证鸡群的正常活动、均匀采食和产蛋；鸡舍为全密闭式环境，舍内光照强度平均控制在 10～15lx；鸡舍秋冬季采用横向通风，以保温为主，控制舍内温度在 13～20℃，夏季采用纵向通风，舍内温度控制在 28℃ 以下，湿度一般保持在 45%～70%。通过中央控制器控制不同季节通风模式和通风量，控制舍内 CO_2 浓度在 0.3% 以内，NH_3 和 H_2S 浓度分别低于 15.2mg/m³ 和 7.59mg/m³，可吸入微粒低于 3.4mg/m³，细菌总数在 $2.1×10^5$ 个/m³。

2. 鸡群生产性能 近年来，圣迪乐村蛋鸡养殖技术及管理水平进一步提升，包括生物安全升级，设施机械化、自动化程度提升，精准饲养和标准化养殖模式的推广运用等，使蛋鸡生产水平逐年稳步提高。主要表现在：产蛋高峰期维持 7～10 个月以上，蛋鸡单产水平 325 枚以上，高峰期平均蛋重 58～62 g，年度单产最高达 16 kg 以上；蛋鸡产蛋期平均日耗料量为 108～115 g/只，饲料转化率 2.1∶1 左右；蛋鸡全期成活率大幅提升，死淘率平均在 7%～10% 以内，产蛋期鸡群月均成活率 99.5% 以上。

第三节 青岛奥特种鸡场

一、基本情况

（一）企业概况

青岛奥特种鸡场位于青岛市即墨区大信镇，占地 70 亩（约 4.7 万 m²），总建筑面积 8 000m²，建有标准化蛋鸡舍 4 栋，育雏育成舍 2 栋，标准孵化厅 2 个（图 4-19）。场区严格区分生活管理区、生产区和粪污处理区（图 4-20），科学的规划为种鸡场建立起了天然的防疫保障、严格有效的生物安全防控体系和较精准的环境控制系统，确保了种鸡群的健康。目前，该场是国家蛋鸡产业技术体系青岛综合试验站依托单位，2012 年被评选为"国家畜禽养殖标准化示范场"。

图 4-19　场区分布图与实景

生活管理区　　　　　　　　　　　生产区

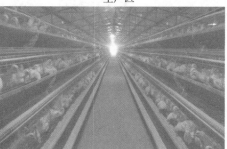

育雏育成鸡舍　　　　　　　　　　产蛋鸡舍

图 4-20　生产分区与鸡舍内实景

（二）蛋鸡饲养概况

父母代蛋种鸡总存栏量6万套，其中产蛋种鸡4万套，育雏育成种鸡2万套，每年生产良种母雏近400万只。入舍母鸡72周平均产蛋数≥260枚，入舍母鸡生产母雏数≥90只，入舍母鸡死淘率≤8%。

二、鸡舍饲养环境及其控制

（一）饲养设施

1. 笼具设施　育雏育成鸡舍使用三叠层式笼具，行车式机械喂料、乳头式饮水器水线饮水、传送带清粪；产蛋鸡舍使用三层阶梯式笼具（视频10），行车式机械喂料（视频11）、乳头式饮水器水线饮水（视频12）、传送带清粪，部分鸡舍配置自动集蛋设施（图4-21、视频13和视频14）。

视频10　　　　视频11　　　　视频12　　　　视频13　　　　视频14

2. 饮水设施　鸡场建设集中式净水设施，全部饮用水经净化处理，大肠杆菌检出率为零，出水水质达到直饮水标准。净化水通过密封管道经鸡舍加压器直接输送到舍内水线饮水管中，蛋鸡通过乳头式饮水器饮水，水线前端配置加药设施，需要添加水溶性多维等物质时，通过密闭的加药器进入饮水管，最大限度避免水质污染（图4-22）。

图 4-21 育雏育成舍与产蛋鸡舍内景

反渗透净水设备　　　　　　　水质检测显示仪

水线加药器　　　　　　　鸡舍水线调压器

图 4-22 净水设施及舍内饮水设施

3. 清粪设施 鸡舍采用传送带式清粪系统，蛋鸡产生的粪便直接被承粪带收集，通过电能驱动粪带将粪便通过鸡舍污端出口清出，根据季节不同每天清粪 1～2 次，及时将舍内粪便清除，有效降低了鸡舍 NH_3、H_2S 等有害气体的产生和危害。清出舍外的粪便通过场内专用粪便转运车转至粪污处理区，通过堆肥方式进行无害化处理，并就近用于周边农田（图 4-23）。

图 4-23 传送带清粪系统和舍外转运与处理

（二）环境控制设施

1. 温度控制 鸡舍安装了分布式智能环境控制系统和温湿度一体化数字传感器，实现了半开放型鸡舍温度较精准的自动控制。主环控器依据预设的目标温度，通过安装在鸡舍前中后段的传感器实时测到的温度，开启不同的通风级别。通过加大或减少鸡舍通风量调控鸡舍的温度，维持鸡舍温度始终在预设的目标温度区间波动

（图 4-24）。夏季，当鸡舍温度达到 28℃以上时，环控系统自动启动湿帘，根据传感器实时监测的温度数据自动计算湿帘开启时间；同时保温门开启程度自动调整，控制鸡舍的负压和风速，实现鸡舍前中后段均衡降温；冬季，当鸡舍温度低于 20℃时，山墙一侧的大风机和湿帘保温门自动关闭，鸡舍侧墙风机或山墙小风机将自动开启，通风窗的开启比例根据风机开启数量的多少和开启的时间长

分布式智能环控器

快速设置界面

温湿度一体传感器

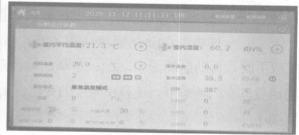
鸡舍目标温度设置界面

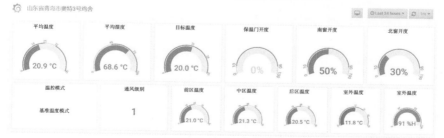
鸡舍温湿度远程实施监测数据
图 4-24　鸡舍温度控制系统

短自动调整，使鸡舍前后段和昼夜温差控制在3℃内。

2. 通风控制　鸡舍通风系统主要包括主环控器、风机、湿帘/保温门、通风窗等。对半开放型鸡舍推拉窗进行改造，在推拉窗上加装钢丝绳定位滑轮，钢丝绳两端连接配重和减速电机并与主环控器连接，实现推拉窗开关自动控制。主环控器可根据目标温度计算通风量，自动控制窗户开启大小，使进入鸡舍的气流具有一定的速度。在通风窗内安装合适的导流板，让进入鸡舍的新鲜空气快速流

视频15

视频16

向鸡舍屋顶中间和鸡舍上部的暖空气充分混合后下沉到下部鸡群，保障通风换气的同时防止冷空气直接对流对鸡群造成冷应激。另外，在鸡舍湿帘内侧加装保温门，两端连接配重和减速电机并与主环控器连接，主环控器可根据预设目标温度计算保温门的开启程度，夏季可调节湿帘进风风速、导流湿帘凉空气，冬季关闭可以隔绝外界冷空气。主控器根据传感器实时监测数据和预设目标值的差值，自动计算风机开启数量与运行时间、控制推拉窗开启比例、保温门开启程度与湿帘启闭时间，实现鸡舍自动化通风（图4-25）。夏季，当鸡舍温度达到28℃以上时，自动启动湿帘降温；冬季，鸡舍温度低于20℃时保证最小通风量；春、秋季节，随昼夜温度的变化自动调整通风量（视频15、视频16）。

风机选择界面　　　　　　　　　推拉窗开启自动控制机构

湿帘保温门 风机

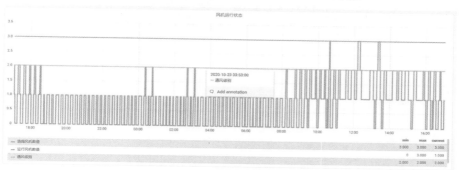

鸡舍风机开启数量远程实施监测

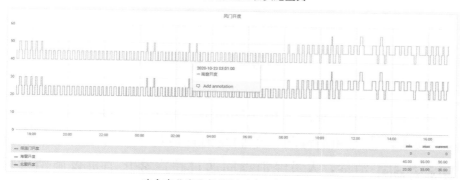

鸡舍南北窗和保温门开启程度远程实时监测

图 4-25 鸡舍通风控制系统

3. 光照控制 鸡舍均匀布置照明设施，使用光源为 LED 暖光灯。根据蛋鸡育雏、育成和产蛋不同阶段光照制度和要求，将光照

时间按照鸡群日龄所需预设到分布式环控器中，按照预设值开启照明灯，通过照度传感器监测光照强度，并通过环控器中对光照强度的预设值进行调整（图4-26）。

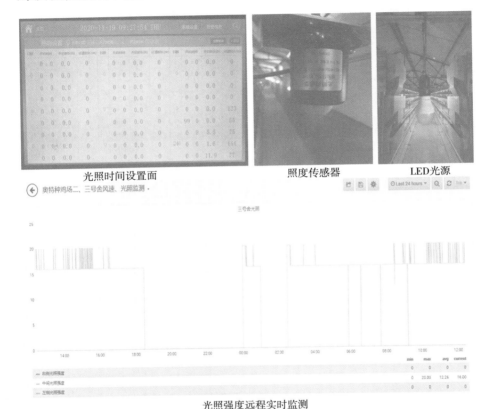

光照时间设置面 　　照度传感器 　　LED光源

光照强度远程实时监测

图 4-26　鸡舍光照控制系统

4. 消毒设施　鸡场实施严格的消毒制度。鸡场入口及生产区入口设置消毒池和消毒间，车辆经消毒池进入，并进行全车喷雾消毒，人员经消毒间通过超声雾化消毒设施消毒后进入场区，场内职工需经更衣、超声雾化消毒后方可进入生产区。鸡舍内安装喷雾消毒设施，每周3次带鸡消毒，消毒剂每周更换，循环使用（图4-27、视频17）。

视频 17

102

人员通道超声雾化消毒设施　　　　　车辆消毒池及自动喷雾消毒设施

鸡舍喷雾消毒设施

图 4-27　鸡场消毒设施

三、现场生产效果

（一）鸡舍环境控制效果

除夏季极端高温天气外，鸡舍昼夜温差和前后温差均可控制在目标温度±3℃范围内，氨气浓度控制在 1.52mg/m³ 以内，产蛋期不发生或较少发生呼吸道病。

（二）鸡群生产性能

入舍蛋鸡 72 周平均产蛋数≥260 枚，入舍蛋鸡生产母雏数≥

90 只，入舍母鸡死淘率≤8％，种蛋平均受精率≥95％，受精蛋平均孵化率≥90％，健雏率≥98％。

第四节　济南安普瑞禽业科技有限公司

一、基本情况

（一）企业概况

济南安普瑞禽业科技有限公司位于山东省济南市长清区马山镇，是一家集蛋鸡养殖、技术研发、生态观光、系统服务为一体的高科技、现代规模化养殖企业（图 4-28）。通过人性化管理，建立了养殖制度、无害化处理制度、检疫申报制度、免疫制度、加强食品安全管理制度，重视食品流通环节跟踪服务，荣获市级重点农业龙头企业、山东省优秀蛋鸡场、全省性畜牧示范品牌引领单位、省级扶贫龙头企业等荣誉称号，有效带动周边村镇经济、农民就业及生态有机农业的快速发展（视频 18）。

视频 18

图 4-28　场区鸟瞰图与实景

（二）蛋鸡饲养概况

公司建有蛋鸡育雏育成舍 2 栋，建筑面积 2 000m²，产蛋鸡舍 6 栋，建筑面积 9 000m²，中央蛋库 1 500m² 和粪便无害化处理场 1 处（图 4-29）。已建成了 20 万只蛋鸡规模的无抗、生态、清洁商品蛋鸡农业产业化观光养殖基地，形成集育雏、养殖、商品鸡蛋、品牌鸡蛋、有机蔬菜、果林、有机肥料等养殖种植于一体的生态循环产业化链条，每年向社会提供近 6 000t 优质鸡蛋，600t 优质鸡肉，2 400t 有机肥以及大量有机蔬菜和水果。

图 4-29　鸡舍布局与生产区实景

二、鸡舍饲养环境及其控制

（一）饲养设施

1. 笼具设施　蛋鸡饲养采用叠层式成套笼具设备（视频 19），主要结构包括鸡笼和笼架、行车喂料系统、水线饮水系统、传送带清粪系统、自动捡蛋系统（视频 20 至视频 22）、配电系统等，实现了蛋鸡的自动喂料、自动清粪、自动捡蛋、自动供水和自动加药等一系列工序的正常运行，在场地利用和养殖的规模化、立体化，以及节约人工、疫病防控、鸡蛋品质提升等方面取得积极成效（图 4-30）。

2. 饮水设施　鸡场饮水系统（视频 23）主要由储水池、净水设备、输水管道、水表、水压控制器、水线和饮水乳头等组成。储

图 4-30　笼具与喂料系统

水池储存量可保证全场蛋鸡 1～2d 的使用量，使用超声波臭氧消毒设备对水进行净化消毒，输水管道使用无毒无害材料，每层鸡笼水线均安装水压控制器，饮水乳头可以 360°出水，保证为鸡群提供足量、干净清洁的饮水（图 4-31）。

视频 19　　　　视频 20　　　　视频 21　　　　视频 22　　　　视频 23

图 4-31　舍内饮水设施

3. 清粪设施　清粪系统（视频 24 至视频 26）为传送带式清粪机，主要由承粪输送带、转轴、电动机、减速机和控制器等组成。叠层式鸡笼每层笼下均安装有承粪带，通过电动机驱动将鸡粪传送到鸡舍末端，经末端横向传送带集中传送到舍外，继而由场内专用运输车转运至粪污处理区进行集中堆肥处理（图 4-32）。

图 4-32　传送带清粪系统和堆肥设施

视频 24　　　　　　视频 25　　　　　　视频 26

（二）环境控制设施

1. 温度控制 育雏育成舍使用温控电锅炉，使用电加热流水线，通过舍内安装的管道和散热片均衡散热，维持舍内鸡群需要的适宜温度。产蛋鸡舍不配置升温设施，由中央温控系统以预设的温度值控制风机、湿帘、通风小窗、导流板等设施的联动，实现不同季节舍内温度的综合控制和调节（图 4-33）。

风机	通风小窗

湿帘导流板	中央温控系统	温湿度传感器

图 4-33 鸡舍温度控制系统

2. 通风控制 鸡舍一端安装风机进行负压通风，外界空气通过湿帘和通风小窗进入鸡舍，有序流动，排出舍内污浊空气和多余热量。风机布置在鸡舍末端和靠近末端的两侧墙上，通过中央温控系统预设值控制风机、通风小窗、湿帘、导流板的联动，满

足各季节鸡群通风需求（视频 27、视频 28）。冬季
主要通过安装在两侧墙上的通风小窗进风，维持舍
内最小通风量，鸡舍外加装挡风遮光罩，抵御冷空气
直接进入鸡舍，造成鸡群的冷应激；春、秋季节通过
通风小窗和湿帘结合，进行过渡通风；夏季采用以湿
帘通风为主、通风小窗为辅的通风模式，并在湿帘出
风口处设置缓冲区，安装导流板，使进风与鸡舍上部
热空气预热后下沉到鸡群位置（图 4-34）。

视频 27

视频 28

风机（舍内）

风机（舍外）

通风小窗

湿帘

图 4-34　鸡舍通风控制系统

3. 光照控制　鸡舍照明系统通过微电脑控制器控制舍内光源
的定时启闭，满足不同日龄蛋鸡对光照时间的需求。
舍内光源使用暖光节能灯，根据鸡舍结构按行和列
3m 左右间隔均匀布置，并根据笼层上下错落安装，
以保持舍内光照的均匀度（图 4-35、视频 29）。

视频 29

图 4-35　鸡舍光照控制系统

4. 消毒设施　严格实行进场消毒制度，场区入口及生产区净道和污道均建有消毒池，对进场车辆进行消毒；人员入场需通过消毒间和消毒通道，地面铺设消毒脚垫，经超声雾化消毒后进入；鸡舍安装高压雾化管线和喷头，进行日常带鸡雾化消毒，空舍清理采用高压水冲和高压消毒（图 4-36、视频 30）。

视频 30

入场消毒池　　　　　　　　　　　超声雾化消毒设施

高压喷雾设施　　　　　　　　　　舍内雾化喷头

图 4-36　鸡场消毒设施

（三）现场生产效果

1. 鸡舍环境控制效果　通过鸡舍建筑和环境控制设施配套，鸡舍内温度、湿度、氧气含量、空气质量、通风状况等符合鸡群正常生长和生产的条件。

2. 鸡群生产性能　饲养品种为罗曼灰，标准产蛋率最高为95.3％，维持49d，90％产蛋率维持224d。通过鸡舍环境控制，本场鸡群生产性能良好，存栏鸡98％的产蛋率维持54d，存栏鸡95％的产蛋率维持121d，存栏鸡90％的产蛋率维持340d。

主要参考文献

高明超，余铭成，韦明钿，等，2017.LED 灯在清远麻鸡产蛋期的应用[J]．中国家
　　禽，39（8）：64-65．

巩翔，2019.光周期对蛋鸡蛋壳质量及钙转运体的影响[D]．泰安：山东农业大学．

官家家，2018.光照周期对蛋鸡生产性能及生物节律的影响[D]．泰安：山东农业大
　　学．

黄昌澎．1989.家畜气候学[M]．南京：江苏科学技术出版社．

李芳环，江晓明，汪靖，2017.我国蛋鸡养殖机械化有关专利情况分析与建议[J]．
　　中国家禽，39（8）：1-4．

李国铭，李保明，2015.间歇光照在蛋鸡产蛋后期的应用研究[J]．中国家禽，37
　　（24）：28-31．

梁军，徐刚，徐文龙，2017.调节光照强度系统设备对罗曼粉蛋鸡主要生产性能的影
　　响对比观察试验[J]．国外畜牧学-猪与禽，37（1）：36-38．

刘建，张庆才，曾丹，等，2012.LED 灯光照对笼养蛋鸡生长发育和生产性能的影响
　　[J]．中国家禽，34（10）：16-19．

刘立波，刘茹，张佳，等，2011.饲养密度对不同时期蛋雏鸡生产性能的影响[J]．
　　饲料博览，8：6-8．

刘增民，2019.温度、光照和饲喂频次对蛋鸡采食的影响[D]．泰安：山东农业大学．

龙红茨，李孝法，宁中华，2013.14＋1 小时光照程序对蛋鸡生产性能的影响[J]．中
　　国畜牧杂志，49（7）：242-244．

泮进明，王小双，蒋劲松，等，2013.家禽规模养殖 LED 光环境调控技术进展与趋
　　势分析[J]．农业机械学报，44（9）：225-235．

时凯，陈长宽，卞红春，等，2016.不同养殖模式及光照度对蛋鸡产蛋率的影响
　　[J]．江苏农业科学，44（2）：254-255．

宋雪蕾，2018.环境温湿度对蛋鸡健康生产的影响[D]．泰安：山东农业大学．

孙利，2014.电离对家禽舍内病原微生物、空气的控制及改良作用研究[D]．泰安：
　　山东农业大学．

王长平，丁云龙，张斯荷，等，2012.饲养密度对育雏期蛋鸡啄羽和其他行为的影响

［J］.黑龙江生态工程职业学院学报，25（4）：26-27.

王长平，韦春波，2017.饲养密度对育成期蛋鸡啄羽行为和皮肤损伤的影响［J］.饲料研究，16：33-35.

王飞，2010.间歇光照对蛋鸡行为节律，生产性能及输卵管形态，血液生化指标的影响［D］.保定：河北农业大学.

王龙，于江明，唐兴和，等，2016a.层叠式鸡舍LED灯光照强度的测定与分析［J］.中国家禽，38（2）：67-68.

王龙，刘勃麟，赵乾宇，等，2016b.育成期不同饲养密度对海蓝灰蛋鸡育成效果影响［J］.黑龙江八一农垦大学学报，28（2）：34-36.

王强，杨凌，徐玲霞，等，2012.笼养蛋鸡养殖环境指标调查分析［J］.中国家禽，34（11）：40-43.

杨宁，秦富，徐桂云，等，2014.我国蛋鸡养殖规模化发展现状调研分析报告［J］.中国家禽，36（7）：2-9.

杨潇，施正香，郑炜超，等，2018.新型LED光源对蛋鸡生长发育影响的研究进展［J］.中国家禽，40（13）：41-45.

殷洁鑫，杨海明，张李荣，等，2017.UVB313补光对蛋鸡产蛋性能及蛋品质的影响［J］.中国家禽，39（17）：62-63.

于江明，2016.LED灯不同光照强度对层叠笼养蛋鸡生产性能以及福利影响［D］.大庆：黑龙江八一农垦大学.

张金鑫，2019.蛋鸡育成期适宜笼养密度与群体规模研究［D］.泰安：山东农业大学.

张子仪，2005a.从科学发展观谈我国动物营养科研工作的跨越与回归［J］.中国畜牧杂志，41（8）：3-5.

张子仪，2005b.从科学发展观谈我国动物源食物安全生产中的若干问题［J］.食品与药品，7（2）：7-10.

郑红松，白修云，孟艳莉，等，2016.产蛋后期"14h＋1h"光照程序对蛋鸡生产性能和蛋品质的影响［J］.中国家禽，38（24）：33-37.

朱丽慧，吴宁，朱根生，等，2018.热应激对两种高密度饲养模式下笼养蛋鸡血液生化指标的影响［J］.中国家禽，40（8）：32-38.

朱宁，杨东群，秦富，2018.中美蛋鸡产业发展比较研究［J］.中国家禽，40（14）：1-5.

朱宁，秦富，2015.机械化对蛋鸡规模养殖技术效率的影响［J］.农业工程学报，31（22）：63-69.

诸立春，李岩，詹凯，等，2017.四层层叠密闭式本交笼养蛋种鸡舍春季环境参数测

定与相关性分析[J].中国家禽，39（21）：38-42.

Archer G S，2019. How does red light affect layer production，fear，and stress? [J].
Poultry Science，98：3-8.

Asher G，Sassone-Corsi P，2015. Time for Food：The Intimate Interplay between
Nutrition，Metabolism，and the Circadian Clock [J].Cell，161：84-92.

Baxter M，Joseph N，Osborne V R，et al.，2014. Red light is necessary to activate
the reproductive axis in chickens independently of the retina of the eye [J].Poultry
Science，93：1289-1297.

Bestman M，Ruis M，Heijmans J，et al.，2018. Layer Signals：A Practical Guide for
Layer Focused Management [M].Netherland：Roodbont Publishers.

Chang Y，Wang X J，Feng J H，et al.，2018. Real-time variations in body
temperature of laying hens with increasing ambient temperature at different relative
humidity levels [J].Poultry Science，97：3119-3125.

Chen M，Li X，Shi Q，et al.，2019. Hydrogen sulfide exposure triggers chicken
trachea inflammatory injury through oxidative stress-mediated FOS/IL8 signaling
[J].Journal of Hazardous Materials，368：243-254.

Chi Q，Chi X，Hu X，et al.，2018. The effects of atmospheric hydrogen sulfide on
peripheral blood lymphocytes of chickens：perspectives on inflammation，oxidative
stress and energy metabolism [J].Environmental Research，167：1-6.

Dai P，Shen D，Shen J，et al.，2019. The roles of Nrf2 and autophagy in modulating
inflammation mediated by TLR4-NFκB in A549 cell exposed to layer house particulate
matter 2.5 (PM 2.5) [J].Chemosphere，235：1134-1145.

David B，Mejdell C，Michel V，et al.，2015a. Air quality in alternative housing
systems may have an impact on laying hen welfare. Part II-Ammonia [J].Animals，
5：886-896.

David B，Moe R O，Michel V，et al.，2015b. Air quality in alternative housing
systems may have an impact on laying hen welfare. Part I-Dust [J].Animals，5：
495-511.

Dawkins M S，Donnelly C A，Jones T A，2004. Chicken welfare is influenced more by
housing conditions than by stocking density [J].Nature，427：342-344.

E U. Council Directive 1999/74/EC，1999. Laying down minimum standards for the
protection of laying hens [C].Official Journal of the European Couuunities (L203)，
1999，53-57.

Han S, Wang Y, Liu L, et al., 2017. Influence of three lighting regimes during ten weeks growth phase on laying performance, plasma levels- and tissue specific gene expression of reproductive hormones in Pengxian yellow pullets [J]. PLoS One, 12: 1-11.

Health and Safety Executive. Statement of Evidence Respiratory Hazards of Poultry Dust. Available online: http://www.hse.gov.uk/pubns/web40.pdf.

Hu X, Chi Q, Liu Q, et al., 2019. Atmospheric H_2S triggers immune damage by activating the TLR-7/MyD88/NF-κB pathway and NLRP3 inflammasome in broiler thymus [J]. Chemosphere, 237, 124427.

Hy-Line International, 2016. Understanding heat stress in layers: Management tips to improve hot weather performance. Technical Update, www.hyline.com.

Hy-Line International, 2017. Understanding poultry lighting: A guide to LED bulbs and other sources of light for egg producers. Technical Update, www.hyline.com.

Le Bouquin S, Huneau-Salaun A, Huonnic D, et al., 2013 Aerial dust concentration in cage-housed, floor-housed, and aviary facilities for laying hens [J]. Poultry Science, 92: 2827-2833.

Li H, Xin H, Burns RT, et al., 2012. Reducing ammonia emissions from laying-hen houses through dietary manipulation [J]. Journal of the Air & Waste Management Association, 62: 160-169.

Li L, Zhang Z, Peng J, et al. 2014. Cooperation of luteinizing hormone signaling pathways in preovulatory avian follicles regulates circadian clock expression in granulosa cell [J]. Molecular and cellular biochemistry, 394: 31-41.

Lin H, Mertens K, Kemps B, et al., 2004. New approach of testing the effect of heat stress on eggshell quality: mechanical and material properties of eggshell and membrane [J]. British Poultry Science, 45: 476-482.

Lin H, Zhang H F, Jiao H C, et al., 2005a Thermoregulation responses of broiler chickens to humidity at different ambient temperatures. I. one week of age [J]. Poultry Science, 84: 1166-1172.

Lin H, Zhang H F, Du R, et al., 2005b. Thermoregulation responses of broiler chickens to humidity at different ambient temperatures. II. four weeks of age [J]. Poultry Science, 84: 1173-1178.

Liu K, Xin H, Sekhon J, et al., 2018. Effect of fluorescent vs. poultry-specific light-emitting diode lights on production performance and egg quality of W-36 laying hens

［J］.Poultry Science，97：834-844.

Liu L，Song Z G，Jiao H C，et al.，2014.Glucocorticoids increase NPY gene expression via hypothalamic AMPK signaling in broiler chicks［J］.Endocrinology，155：2190-2198.

Marsden A，Morris T R，1987.Quantitative review of the effect of environmental temperature on food intake，egg output and energy balance in laying pullets［J］.British Poultry Science，28：693-704.

Mignon-Grasteau S，Moreri U，Narcy A，et al.，2015.Robustness to chronic heat stress in laying hens：a meta-analysis［J］.Poultry Science，94：586-600.

Naseem S，King A J，2018.Ammonia production in poultry houses can affect health of humans，birds，and the environment-techniques for its reduction during poultry production［J］.Environmental Science & Pollution Research，25：1-25.

National Farm Animal Care Council，2017.Code of practice for the care and handling of pullets and laying hens［C］.Egg Farmers of Canada，Ottawa，Canada.

NRC 1981.Effect of Environment on Nutrient Requirements of Domestic Animals［M］.National Academy Press，Washington，D.C.

O'connor E A，Parker M O，Davey E L，et al.，2011.Effect of low light and high noise on behaviour activity physiological indicators of stress and production in lay in hens［J］.British Poultry Science，52：666-674.

PoultryHub，Climate in poultry houses-Gas Standards for European poultry houses.Available on line：http：//www.poultryhub.org/production/husbandry- management/housing-environment/ climate-in-poultry-houses/.

Respiratory Health Hazards in Agriculture.Available online：https：//www.thoracic.org/statements/resources/archive/agriculture1-79.pdf.

Rimac D，Macan J，Varnai V M，et al.，2010.Exposure to poultry dust and health effects in poultry workers：impact of mould and mite allergens［J］.International Archives of Occupational & Environmental Health，83：9-19.

Ruzal M，Shinder D，Malka I，et al.，2011 Ventilation plays an important role in hens'egg production at high ambient temperature［J］.Poultry Science，90：856-862.

Scholz B，Kjaer J B，Urselmans S，2011.Litter lipid content affects dustbathing behavior in laying hens［J］.Poultry Science，90：2433-2439.

Shepherd T A，Zhao Y，Li H，et al.，2015.Environmental assessment of three egg production systems-Part II. Ammonia, greenhouse gas, and particulate matter emissions [J] . Poultry Science, 94: 534-543.

Shimmura T, Bracke M, De Mol R M, 2011. Overall welfare assessment of laying hens: Comparing science-based, environment-based and animal-based assessments [J] . Animal Science Journal, 82: 150-160.

Song Z, Liu L, Sheikhahmadi A, et al. , 2012. Effect of heat exposure on gene expression of feed intake regulatory peptides in laying hens [J] . BioMed Research International, 2012: 484869.

Eugen K V, Nordquist R E, Zeinstra E, et al. , 2019. Stocking density affects stress and anxious behavior in the laying hen chick during rearing [J] . Animals, 9: 53.

Wang X J, Liu L, Zhao J P, et al. , 2017. Stress impairs the reproduction of laying hens: an involvement of energy [J] . World's Poultry Science Journal, 73: 845-855.

Xin H, Gates R S, Green A R, et al. , 2011. Environmental impacts and sustainability of egg production systems [J] . Poultry Science, 90: 263-277.

Yoshida N, Fujita M, Nakahara M, et al. , 2011. Effect of high environmental temperature on egg production, serum lipoproteins and follicle steroid hormones in laying hens [J] . The Journal of Poultry Science, 48: 207-211.

Zhang Z C, Wang Y G, Li L, et al. , 2016 Circadian clock genes are rhythmically expressed in specific segments of the hen oviduct [J] . Poultry Science, 95: 1653-1659.

Zhao Y, Aarnink A J, De Jong M C, et al. , 2014. Airborne microorganisms from livestock production systems and their relation to dust [J] . Critical Reviews in Environmental Science and Technology, 44: 1071-1128.

Zhao Y, Shepherd T A, Swanson J C, et al. , 2015a. Comparative evaluation of three egg production systems: Housingcharacteristics and management practices [J] . Poultry Science, 94: 475-484.

Zhao Y, Shepherd TA, Li H, et al. , 2015b. Environmental assessment of three egg production systems. Part I: Monitoring system and indoor air quality [J] . Poultry Science, 94: 518-533.

图书在版编目（CIP）数据

蛋鸡健康高效养殖环境手册/林海，赵景鹏主编．
—北京：中国农业出版社，2021.6
（畜禽健康高效养殖环境手册）
ISBN 978-7-109-28519-4

Ⅰ．①蛋⋯　Ⅱ．①林⋯ ②赵⋯　Ⅲ．①卵用鸡—饲养
管理—手册　Ⅳ．①S831.4-62

中国版本图书馆 CIP 数据核字（2021）第 136660 号

中国农业出版社出版
地址：北京市朝阳区麦子店街 18 号楼
邮编：100125
策划编辑：周晓艳　王森鹤
责任编辑：周晓艳　弓建芳
数字编辑：李沂航
版式设计：杜　然　责任校对：吴丽婷
印刷：北京通州皇家印刷厂
版次：2021 年 6 月第 1 版
印次：2021 年 6 月北京第 1 次印刷
发行：新华书店北京发行所
开本：700mm×1000mm　1/16
印张：8.75　插页：1
字数：120 千字
定价：45.00 元

和美华集团

H&H 和美华集团
HEMEIHUA GROUP

和美华 集团简介

和美华集团是中国大型农牧企业之一，是中国专业的预混料制造商和养殖服务商、国家高新技术企业、国家知识产权优势企业、国家农业产业化龙头企业、中国驰名商标。"品质源于科技，服务创造价值"是和美华人坚守的产品观，通过新技术应用为用户提供"畜禽精准营养产品＋专业用户问题解决方案"，实现用户价值最大化。截至2021年8月，和美华荣获山东省科技进步奖一、二等奖各1项，山东省畜牧科技奖一等奖1项、三等奖2项，国际先进的科技成果16项，发明专利200余项。

大力推广和美华养殖模式，实施十六个服务项目，提供十八个专业的用户问题解决方案，提供客户融资贷款及期货、保险服务，推进农牧业产业化经营。

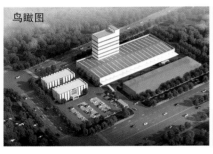
鸟瞰图

中试楼透视图

车间透视图

企业荣誉 ▶

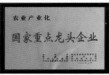

专利证书 ▶

山东和美华集团有限公司
地址：济南市高新区两河片区飞跃大道3588号和美华工业园
网址：www.hemeihua.com
全国服务热线：400-686-7890